如果
你曾经对下面的事情
感到好奇

人类是否有一天会跨越星球之间的超大距离进行交流，研究出无法破译的密码，设计出能够在大海中捞到针的计算机，或者甚至学会建立隐形传输，那么，布莱恩·克莱格的《量子纠缠》中描述的让人惊异的科学，将因其对宇宙——我们自身的描绘，让人震惊和着迷！它是如此奇异，要掌握它（量子纠缠），想象力几乎不够用。

如果你认为科学是可以预测的、具有颠覆常识性的事物，也许甚至有一点枯燥乏味，那是因为你没有遇到量子纠缠。

量子纠缠是一种非常奇特的、无处不在的物理现象，它颠覆了常理。因此，本书将其称为“上帝的效应”。量子纠缠无法用通常的语言加以描述，它可在瞬间从宇宙的一端传到另一端。它是科学中最奇怪的效应，然而却很少有人听说过它。量子纠缠把常识击得支离破碎。

科学可以这样看丛书

量子纠缠

上帝效应，科学中最奇特的现象

〔英〕布莱恩·克莱格（Brian Clegg） 著

刘先珍 译

重庆出版集团 重庆出版社

果壳文化传播公司

图书在版编目（CIP）数据
量子纠缠：上帝效应，科学中最奇特的现象 /（英）克莱格（Clegg，B.）著；刘先珍译. —重庆：重庆出版社，2011.6（2016.10重印）
ISBN 978-7-229-03895-3
（科学可以这样看丛书/冯建华主编）

Ⅰ.①量… Ⅱ.①克… ②刘… Ⅲ.①量子论 Ⅳ.①O413

中国版本图书馆CIP数据核字（2011）第060613号

量子纠缠
The God Effect
〔英〕布莱恩·克莱格（Brian Clegg）著　刘先珍　译

出 版 人：罗小卫
责任编辑：周北川
责任校对：杨　媚
封面设计：赵文峰
版式设计：山之风

重庆出版集团
重 庆 出 版 社　出版　果壳文化传播公司　出品

重庆南滨路162号1幢　邮政编码：400061　http:www.cqph.com
重庆出版集团艺术设计有限公司制版
重庆市国丰印务有限责任公司印刷
重庆出版集团图书发行有限公司发行
E-MAIL：邮购电话：023-61520646
全国新华书店经销

开本：710×1000　1/16　印张：14.5　字数：189千
2011年6月第1版　2016年10月第7次印刷
ISBN 978-7-229-03895-3
定价：32.80

如有印装质量问题，请向本集团图书发行有限公司调换：023-61520678

爱因斯坦认为
太神秘、太奇特、
不可能为真实的现象

什么是纠缠？它是量子粒子之间的连接，是宇宙的结构单元。一旦两个粒子发生纠缠，当一个粒子发生变化，立即在另一个粒子中反映出来，不管它们是在同一间实验室，还是相距数亿光年。这种现象及其含义看起来是如此有悖于常理，以至于爱因斯坦本人称它为“幽灵一般的”，并且认为它将导致量子论的衰落。然而，科学家们后来发现，量子纠缠——“上帝的效应”，是爱因斯坦很少犯的——但也许是最大的——错误之一。

这意味着什么呢？更全面地了解纠缠的本质提供的各种可能性，读起来就像是出自于科幻小说：跨越星球的通信装置，无法破解的密码，在速度和功率方面让今天的计算机相形见绌的量子计算机，隐形传输，等等。

在《量子纠缠》中，资深科学作家布莱恩·克莱格描述了纠缠及其历史和应用。该书可读性强，引人入胜，全书不含公式。布莱恩·克莱格和阿米尔·艾克塞尔的书迷们以及那些对量子的各种奇异可能性感兴趣的人们，将会发现此书让人爱不释手。

To

Gillian, Rebecca, and Chelsea

谨以此书

献给

吉莉安、丽贝卡和切尔西

目录

1 □ 序

3 □ 关于艾丽斯和鲍勃的注记

1 □ 第1章　纠缠的开始

27 □ 第2章　量子的对决

43 □ 第3章　成双成对的光

75 □ 第4章　秘密的纠缠

97 □ 第5章　布利什效应

123 □ 第6章　虚幻的机器

171 □ 第7章　镜子啊镜子

183 □ 第8章　奇怪啊奇怪

205 □ 注　释

217 □ 精选参考书目

219 □ 致　谢

序

如果你认为科学是可以预测的、具有常识性的事物——也许有一点点枯燥乏味——那是因为你还没有遇到量子纠缠。作为一种非常奇特且无处不在的物理现象，量子纠缠颠覆了常理，因此，本书称其为“上帝效应”。量子纠缠无法用通常的语言加以解释，它可在瞬间从宇宙的一端传到另一端。有人推测纠缠是生命的来源，也可以用来解释神秘的希格斯玻色子——“上帝粒子”的机理。从牢不可破的密码术到远距传物，纠缠都具有巨大的应用潜力。它是科学中最奇怪的效应，然而却很少有人听说过它。

从前，科学似乎简单直接。在19世纪下半叶，曾因支持进化论而获得“达尔文的坚定追随者”之称的英国自然史教授托马斯·赫胥黎将科学描述为“仅仅是经过处理并组织过的常识罢了”。然而，在接下来的一个世纪当中科学上所发生的变革，尤其是在物理学上的变革证明他真的是大错特错了。

就拿量子电动力学来说吧，这个理论解释了物质和光的相互作用。量子电动力学是理查德·费曼在一次公开演讲中描述的。理查德·费曼是20世纪美国杰出的物理学家，他被认为是活跃在科学界的少数几个真正的天才之一。（如果你从未听过费曼的演讲，那就想象一下托尼·柯蒂斯朗读下述语句的情景）：

从常识的角度来看，量子电动力学理论将自然描述得非常荒

> 谬。但它与实验结果非常吻合。因此，我希望你能够接受自然的本来面目——荒谬。
>
> 我将饶有兴趣地将这种荒谬之处告诉你，因为我发现这让人心情愉快。请不要封闭自己，因为你无法相信自然是如此奇特。只需听我娓娓道来，而且我希望你在这个过程中与我一样心情舒畅。

本书的主题量子纠缠使得费曼备受鼓舞的荒谬性和愉悦上升到了新的水平。纠缠本身就已经非常引人注目了，但更令人称奇的是最近发现的对该奇特现象在现实世界中的应用。请准备好体验惊异和神奇吧。

深入讨论

在本书成文时期，量子纠缠是一个正快速发展的领域，几乎每周都有新的发现。如果你想更深入地阅读，请访问“通俗科学”网站：www.popularscience.co.uk，了解有关纠缠发展的专题报告及推荐的其他探索量子世界和延伸开的更宽广的科学和数学的书籍。

我在本书中略去了参考文献编号，以免打断本书的流畅性。不过，从205页注释一节开始，我提供了引用、文献来源及论文等详细的参考文献，以帮助更加深入地阅读。

关于艾丽斯和鲍勃的注记

在研究量子纠缠的科学家中存在一个由来已久的惯例，即将纠缠过程一端的所有者称为艾丽斯，而将另一端的所有者称为鲍勃。通常，在此空洞的情景内，艾丽斯试图向鲍勃发送一个信息。

该惯例起源于密码学，其中同样的名字（同时还包括其他小角色，如窃听者夏娃）已在这些角色中使用了很多年。随着时光的流逝，这些名字的真正出处已经为人们所遗忘，显然，他们只是创造出来为几何图形暗点A和B提供更有意义的标签而已，对某个特别年龄段的人来说，听到“鲍勃”和“艾丽斯”，不禁就会想起现在已经非常过时的一部1969年的电影《鲍勃、卡罗尔、泰德和艾丽斯》（*Bob&Carol & Ted & Alice*），但同时也不堪再继续回忆下去。

惯例有它值得保持的实际价值，但艾丽斯和鲍勃在量子纠缠中的作用纯粹是习惯性的，并不传递任何有价值的东西——所以，就不要费尽心机地去回想这部电影了，他们不会再在本书中出现。

Chapter 1

Entanglement Begins

第1章　纠缠的开始

人们通常会发现，法律就是这样一种网，触犯法律的人，小的可以穿网而过，大的可以破网而出，只有中等的才会坠入网中。

——威廉·申斯通（William Shenstone），《人与风俗论文集》（*Essays on Men, Manners, and Things*）

纠缠，这是一个充满暗示的词语。它让人想起被无法解开的羊毛球缠住的小猫或两个人之间复杂的人际关系。但是，在物理学中，它指的是一个非常特殊而又奇特的概念，它如此奇异、重要而且具有影响力，因此，我把它称为“上帝效应”。一旦两个粒子发生纠缠，不管两个粒子处于何处，它们彼此之间仍保持着强大的关联，用这种关联可以实现似乎不可能完成的任务。

若要稳妥使用“量子”一词，得先去掉其神秘面纱。这只不过是建立这样一个概念：我们研究的“量子”，是构成现实事物的微小能量和物质。一般而言对于大量存在的同种结构微粒，不管是光的光子、物质的原子还是亚原子粒子，如电子、量子都是它们的组成微粒。

同量子打交道意味着我们研究的是某些数量固定的可测量的对象，而不是连续变化的量。实际上，量子化事物和连续事物之间的差别类似于数字信息（基于0秒和1秒的量子）和承载任何数值的模拟信息之间的差别。在物理世界中，量子通常是非常小的单元，正如量子跃迁是非常小的变化一样——这一点与其在日常话题中的意义颇为不同。

作为本书的核心，量子纠缠现象正是这种令人难以理解但却是构成我们周围世界的微小粒子之间的关联。在量子的层面上，粒子可以被完全地连接起来，被连接的对象（如光子、电子和原子）就成为现实当中同一事物的组成部分。即使这些纠缠的粒子后来被分开到宇宙相反的两端，它们仍然保持着这种奇怪的关联。一个粒子发生变化，其变化立即在其他粒子中反映出来——不管它们之间相隔多远。上帝效应具有不确定的普遍性。

这种不受限定的关联使得量子纠缠的应用能够得以实现。在数据加密中若有密码的传送，这种关联可使其完全不被截获。它在量子计算机的运行中起到基本的作用——在量子计算机中，每个比特都是单个亚原子粒子，能够进行超出任何传统计算机范围的计算，甚至程序可在宇宙的整个生命周期内运行。纠缠使得从一个地方向另一个地方传输粒子成为可能，还可以不通过两个地方之间的空间来传输物体。

纠缠为隔开一定距离的两个粒子建立了亲密的连接，这种违反直觉的能力不仅我们觉得奇怪，而且物理学家也一样觉得奇怪。阿尔伯特·爱因斯坦（Albert Einstein）是直接提出纠缠无法避免的量子论科学家，他对纠缠的粒子不通过任何东西连接，却发生远距离的纠缠作用方式很不安。他在致同行科学家马克思·玻恩（Max Born）的一封信中将量子论对不受空间阻隔的能力称为“可怕的远距效应”——如幽灵一般的远距作用。

你认为合理的物理学对我来说我找不到充分的理由。我无法严肃地相信（量子理论），因为物理学应该表示时间和空间的真实情况，不受幽灵一般的远距作用的影响，而量子论与这一想法不一致。

埃尔温·薛定谔(Erwin Schrödinger)在《剑桥哲学学会年报》的一篇文章中，将“纠缠”这个词带入到物理学领域中。有趣的是，虽然德国人薛定谔当时在英国工作，并且是用英语发表文章——这也许是他选择用英语词汇表示该现象的原因——而德文中对这种现象的表达“*Verschränkung*”，与他选择的英语单词有着截然不同的意义。

英文“纠缠”（*entanglement*）这个单词有着微妙的负面含义，它给人的感觉是失去控制和陷入困境。而德语中这个单词更具结构化也更中性——它的含义是折叠、以有序的方式交叉。一根打结、混乱缠到一起的绳子可称为“纠缠”（*entanglement*），而仔细编织的挂毯则是“*Verschränkung*”。实际上，这两个单词看起来都不是很理想。量子纠缠也许缺少“纠缠”（*entanglement*）这个单词暗示的“无序”，但它比苍白的“*Verschränkung*”意味的更有力，也更能体现本质。

纠缠应该存在。对爱因斯坦来说，这个预测明显证明了他对量子理论知之甚少。对爱因斯坦来说，纠缠这个概念是一个魔咒，挑战着有关他的“世界到底由什么组成”之观点。这是因为纠缠似乎违背了定域性这个概念。

定域性。定域性是一种非常显而易见的原则，我们通常在下意识中肯定着这个原则。如果我们想要对与我们没有直接联系的某些东西施加作用的话——推它一下，向它传递一则信息，或无论什么——我们都需要从我们这里拿某些东西，到我们希望施加影响的物体上。通常这种“某些东西”涉及直接接触——我伸手去够咖啡杯，拿起咖啡杯，把它移到嘴边。但是，如果我们想对远距离的某些东西施加作用，而不跨过这中间的距离，我们就需要一个媒介物来达到效果。

想象一下，你对着一听放在篱笆上的罐头扔一块石头。如果你想把罐头撞下来，你不能只是看着它，依靠某些神秘力量让它跳到空中，你必须朝它扔一块石头。你的手扔出石头，石头飞过空中，撞到罐头上；只要你瞄得准（而且罐头没有被楔在栏杆上），罐头就会被撞下来，你就可以得意一把了。

同样，如果我想与房间另一面的某人讲话，我的声带振动，推动最近的空气分子。这些空气分子发出一系列声波，使分子波动穿过两人之间的距离，直到最后那些振动到达另一人的耳朵，使他的耳膜振动，这样，就听到了我的声音。在第一种情况下，石头是媒介物，而在第二种情况下，媒介物是声波，但在两种情况下，实际上都存在某种东西从A移动到B。这需要移动——移动需要时间——这就是定域性的情况。定域性认为不通过媒介物，你无法对一个遥远的物体施加作用。

各种证据显示人们对远距离作用力无法接受是与生俱来的。对婴儿的研究表明，他们并不接受远处的作用，而是认为一个物体要对另一个物体施加作用，两者必须接触。

这似乎是一个夸张的断言。毕竟，婴儿几乎无法告诉我们这就是他们所想到的，而且也没有人能够记得出生几个月时是怎样看待世界的。对于这个问题的研究有一个非常巧妙的办法：通过不停地重复某一特定的场景，使婴儿变得厌倦，然后在重复许多次之后，对这一场景的某些方面进行小小的改变，观察婴儿如何反应。如果新的运动包括看得到的接触作用，婴儿的反应会较看到远距离作用小得多；如果用手推玩具使玩具移动，婴儿并没有什么反应；如果玩具自己动起来，婴儿则会惊奇地看几眼。虽然无法直接得出婴儿不喜欢远距离作用的结论，但是，监测结果表明婴儿还是关注了远距作用的——整个事情让他们感觉异乎寻常。

下一次，当你观看魔术师表演操控远处物体魔术的时候，试着监测一下你自己的反应。当魔术师的手移动时，球（或任何他正在控制的物体）也在移动。你的大脑抵制着看到的景象。你知道这里面肯定有名堂。肯定有什么东西将手的行动和物体的移动联系在一起，不管是直接——譬如，通过非常细的线——或间接，也许在你盯着魔术师手时有人藏了起来在暗中移动物体。你的大脑坚信远距离作用是不真实的。

然而，尽管远距离作用看起来不真实，但这并不能排除其存在真正发生的可能性。如果我们懂得更多，我们就可以习惯克服表象，进一步来观察那些貌似自然的东西。我们在很小的时候（与狗和猫不同）就知道电视机屏幕后面并没有小人的存在。同样，现代的孩子都学过引力，引力本身具备远距离作用的表象。我们知道引力的作用范围很大，然而，在彼此吸引的两个物体之间并不存在可以看得见的联系。引力似乎对定域性概念提出了一个基本的挑战。

这种万有引力概念是伴随牛顿世界观（Newtonian）而出现的，但即使远在古希腊，在任何有关引力存在的概念出现之前，人们也意识到其他明显存在的远距作用。用布摩擦琥珀可以吸引重量轻的物体，如将纸片吸过来。天然磁石、天然磁铁吸引金属，当将它们放在软木上并浮在水面上旋转时，它们最后会指向某个特定的方向。在每种情况中，都没有什么明显的联系使作用发生。被吸引的物体朝着发出引力的物体运动——浮着的磁铁旋转，带静电的琥珀就像施展魔法一样召唤着纸屑随从。

对于这些现象，古希腊人有着不同流派的观点予以解释。一种观点，即原子论者，认为所有东西要么是原子，要么是真空——而且，由于没有东西能够通过真空作用，那就一定存在连续的原子链，从而引发效应。其他古希腊哲学家将远距作用归因于感应的过程——某些材料彼此间天生就存在吸引力，就像一个人吸引另一个人一样。这与通向古希腊人心灵的第三种可能性的变体——超自然力量的介入几乎没什么区别。实际上，这种理论认为存在某种东西，运用超自然的力量来产生这些效应。在古代，这种想法作为经久不衰的理论得到广泛的尊重。占星术认为，是行星的超自然影响力塑造了我们的生活，但占星术无法从科学上得到支持。

尽管如此，将近二千年后，牛顿在其描述远距离明显作用——引力——造成的结果中，展示了他超群的天分。在两个物质不相接的情况下，一个物质如何影响另一个物质这方面，他的解释并不比古希腊人强多少。他在1688年出版的杰作《数学原理》一书中提到：

> 迄今为止，我们用引力作用解释了天体及海洋的现象，但还没找出这种作用的来源。这种作用力必然有一个来源，它穿越太阳与行星的中心，而且它的力量不因此而受丝毫影响；它所发生的作用与它所作用着的粒子表面的数量就如通常的力学作用一样无关，而是取决于这些粒子所包含的固体物质的量，并可将此作用力向所有方向传递到极远距离……
>
> 但迄今为止，我还无法从各种现象中找出引力的这些特性的来源，我也无法构造假说，因为，凡不是来源于现象的，都应称其为假说；而假说，无论是来自于物质的还是非物质的，无论是超自然的还是力学上的，在实验哲学中都没有地位。在这种哲学中，某些命题都是由现象推导出来的，然后才用演绎的方法推广到通常情况。对于我们来说，知道引力存在并依照我们解释的原理发挥作用已经足够了，而且这些也足以解释天体和我们海洋的运动了。

该段引述包含了牛顿（Newton）最著名的名言之一“我不构造假说”（他的拉丁语原文是“*hypotheses non fingo*”）。科恩（Cohen）和惠特曼（Whitman）翻译的《原理》（*Principia*）现代版本指出“fingo”是一个贬义词，暗示了编造，而不是明显中性的“构造”。牛顿在这里说引力确实存在，但他不想提供一个非经验的猜想来说明引力是如何作用的。有些人继续认为引力具有某些神秘的机理，与占星术不相上下，但是大多数情况下引力的原理仍旧为人们所规避，直到爱因斯坦出现。

爱因斯坦著作中有一个基本原理：光的传播速度是最快的。在第五章，我们将重新回顾这条基本原理背后的推理（对超光速的推论）。但是，从那时开始相对论就为远距作用敲响了丧钟。自1676年以来，人们就知道，光是以有限的速度传播的，当时，丹麦天文学家奥列·罗默（Ole Roemer）第一次有效地测定了光速，就如目前所知的约为186 000英里/秒。爱因斯坦认为运动速度无法超越这种限制。任何东西，甚至引力，都无法运动得比光快。这是一种极限状态。

我们仍然无法准确知道引力是如何作用的，但爱因斯坦的关于速度的上限最终在21世纪初通过实验得到了证明——引力确实以光速运动。假如太阳突然间消失了，这种消失的状况需要约8分钟时间才会被我们真正看到，而太阳引力消失造成的灾难性后果也只有到那时才会被感知到统领一切。在这里，定域性起着作用。

至少情况看起来似乎如此。直到一位无名的北爱尔兰物理学家约翰·贝尔（John Bell）通过实验证明了纠缠的存在。纠缠是真正的远距作用，到目前为止都一直困扰着科学家。当然，今天我们对宇宙有了更复杂的认识——而且必须面对这一事实：“距离”这个概念本身也许并不像过去那样清晰明了。杜克大学（Duke University）的理论家伯恩特·米勒（Brender Müller）认为，量子世界具有看不见的另一个维数，通过这个维数，表面上看起来在空间上隔开的物体可以进行相互作用，就好像它们并排在一起一样。其他人则认为对于相互纠缠的粒子来说，空间距离是无形的——实际上可以说是不存在的。尽管如此，任何事物，不管如何无形、不能携带信息，仍有人固执地认为，它们的运动速度不可能比光快。

虽然，人们经常提到的，爱因斯坦是根据概率论来反驳量子论的（通常是在有关上帝不会掷骰子的几种引述中），但是，正是这种对定域性的违背似乎让爱因斯坦无法分辨哪些理论是正确的。在他的朋友马克思·玻恩（Max Born）寄给他评论的一篇文章中，爱因斯坦在正文草稿中手写了一系列尖锐的评论，明确地显示出了这一点。

> 整个事情的想法是非常草率的，对于这一点，我必须谦恭地提出异议……我们认为存在（真实的）任何东西，都以某种方式处于时间和空间中……[否则]人们必须假设［位置］B中实际上真实的东西，会因［位置］A的测定而发生突然的变化。我的物理学本能对此感到恼怒。然而，如果人们放弃这个假设：空间不同部分存在的事物有其自己的、独立的、真实的存在性，那么，我就无法明白，物理学想要描述的是什么。

纠缠现象——再次挑战定域性、使得远距作用成为可能的现象——出自量子论，一门研究微小粒子的现代科学。为了理解纠缠这个概念，我们需要追溯量子论的发展，从用于解释令人困惑之现象的实用瞎话，到一大套足以推翻所有经典物理的理论体系。

马克斯·普朗克（Max Planck）是19世纪的一位具有深远影响力的科学家，为了找到一种实用的途径来解决用其他方法无法解决的问题，他开始做出尝试。普朗克于1858年生于德国的基尔（Kiel），他差点因为慕尼黑大学（University of Munich）的教授菲利普·冯·约利（Phillip von Jolly）而放弃物理学。冯·约利对物理学表示出悲观的态度，认为对于一位年轻人来讲，物理学就是一个毫无出路的行当。冯·约利认为，世界上的一切事物，除了少量的例外情况，都完全可以被当时的物理理论解释清楚，剩下需要做的仅仅是完善一下结果，让小数点后多几位数字。普朗克也许会转移兴趣去发展他的音乐才能，成为一名音乐会上的钢琴师，但是他还是坚守在了物理学上。

他的坚持是正确的。冯·约利真的大错特错了，正是那几个“少量的例外”——被人们戏剧性地称为“紫外线灾难”的东西——开始破坏着几乎所有被冯·约利称为“接近完美”的物理学理论，也足以让普朗克跻身伟人之列。就当时最精确的计算所能推断，黑体（典型的物理学家所用的简化说法，意为能够完全吸引和产生辐射的物体）应该发射各种频率的射线，而且会产生越来越多的高频光线，进而产生无限量的能量。这很明显与事实不符。室温物体只会发射出少量的红外线，而不会闪烁出蓝色光线、紫外线和高能的射线。

1900年，为了规避这种似乎不可能出现的推断结果，普朗克将物质辐射或吸收的电磁能量划分成了固定的单位（后来爱因斯坦将其称之为量子）。这是马克斯·普朗克永远无法真正释怀的东西。他写道：

> 整个过程都让人感到绝望，因为必须不惜代价来找到理论上的解释，不管这个代价有多大。

对普朗克来说，这些“量子”并不是真实存在的，它们被看做是一种手段以帮助找到可行的解释，运用这种方法也并没有牵涉到任何真实存在的物体。就普朗克而言，他的这些“量子”都是虚幻的，与真实的物体相比，它们就好像是数字一样。数字三（相对于表示数字三的符号“3”）并不是真实存在的，我无法告诉你三是什么，也无法用图画或是重量表示三，但我可以向你展示三个橙子——如果此时我要计算橙子的数量时，这个数字就是非常有价值的了。同样，普朗克认为量子并不存在，只是在计算光及其他形式的电磁辐射能量时颇有价值。

有趣的是，普朗克对量子的态度很像《天体运行论》（*De Revolutionibus*）中的匿名序言所表达的意思。《天体运行论》是尼古拉·哥白尼（Nicholas Copernicus）的著作，在该书中，他挑战了太阳围绕地球运动的观点。那篇加上去的序言，也许是安德莱斯·奥席安德（Andreas Osiander）写的，作为一名牧师，他在哥白尼生病期间负责该书的出版，序言介绍说以太阳为中心的理论纯属假设，仅是为了方便计算，不必与事实相联系起来。这点与普朗克对量子的看法颇为相似。

爱因斯坦较普朗克晚21年出生，对于将量子从真实世界中分离出来，他一点都不担心。在他1905年撰写的一篇著名的论文中（后来凭这篇论文获得了诺贝尔奖），他提出光实际上就是由这些量子所构成。在他想象中，光并不是连续的波，它可以被分成一小份一小份的能量。但从论文的题目《关于光的产生和转化的一个启发性观点》（*Über einen die Erzeugung und Verwandlung des Lichtes betreffenden heuristischen Gesichtspunkt*）还无法清楚地看出爱因斯坦的观点多么具有革命性。但是它就是充满革命性。因为如果有件事情人们都能确信的话——至少在爱因斯坦改变这一切之前每个人都能确信——那就是光是一种波。

公平地说，艾萨克·牛顿（Isaac Newton）一直认为光是由粒子组成的，这种观点流行久远纯粹是由于牛顿的盛名，但是在20世纪之前，粒子跟波之间并不存在相互抵触的情况。光所表现出的特性使其也具备了波的性质——比如光可以绕过障碍物，就如海水可以绕过防波堤一样——而且

1801年托马斯·杨（Thomas Young）也通过一项非常简单的实验来证实光在通过两道狭缝时可以产生干涉图样。叠加的光线在屏幕上投下了明暗相间的条纹，明暗之处刚好与光波加强或是抵消的地方相对应，这跟水面上的水纹情况相同。对于解释光的特性，似乎是除此以外别无他法。

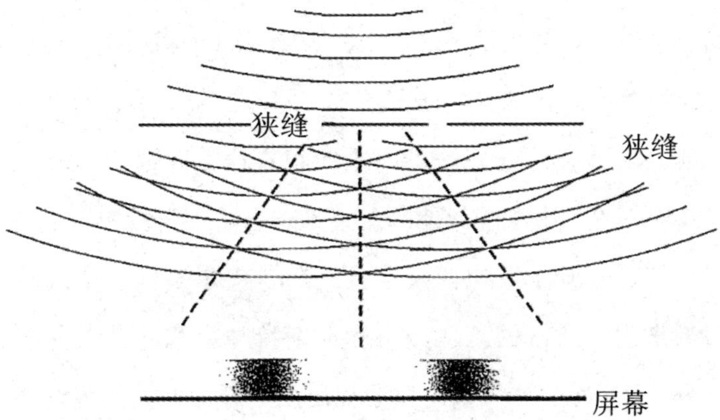

图1.1　杨用两道狭缝做实验，来证明光是波。虚线表示的是光加强的地方，最后在屏上显示出了亮条纹

就此而言，那时的科学家不可能认为这些干涉图样是由一系列的粒子产生的。从源头到屏幕，粒子只能运行于单一的路径。让两股粒子穿过两道狭缝后照理说会出现两处亮光区（每道狭缝后一处）和一大片暗区，而非明暗相间的图样，但从杨开始，人们每次做这个实验时都会得到这样的图样。

在那篇关于光的论文当中，爱因斯坦不仅用上了普朗克的量子一说，而且还表明了黑体空穴的射线表现出了气体粒子的特性——他曾成功将统计技巧应用于研究气体粒子中，在此他同样应用上了该技巧。另外，光如果真的是由单个的量子而非连续的波组成的话，爱因斯坦由此预测当光照在一些金属上时会产生微量的电流，但这只是猜想，仍需要得到充分的证实。这种光电效应真正使得这篇论文具有了重要意义。

对于自己所构想的概念正被赋予真实性，普朗克并不热心，相反却用一种高高在上的态度来批评爱因斯坦。1913年，普朗克推荐年轻的爱因斯坦进入普鲁士科学院时，他认为爱因斯坦有时“在他的假设中失去了目标，如关于光量子的理论”，但也要求学院的人不要因此而对他抱有成见。

同年，普朗克又做出评述，认为爱因斯坦的观点会被另一个人吸收并加以完善，这个人后来在量子理论上，尤其是量子纠缠上，成为爱因斯坦主要的斗嘴的对手。他就是尼尔斯·玻尔（Niels Bohr）。

玻尔于1885年出生于丹麦的哥本哈根（比爱因斯坦年轻近10岁），他的家庭有着浓厚的学术氛围。他的父亲是一名生理学教授，他的弟弟是一名数学教授。在哥本哈根获得博士学位之后，玻尔来到了伦敦，先是在剑桥工作，后又来到了北方的工业城市曼彻斯特与物理学家欧内斯特·卢瑟福（Ernest Rutherford）共事。卢瑟福出生于新西兰，因为发现了原子核而闻名于世。

1913年，玻尔根据爱因斯坦的量子学说建立了原子的模型以解释其原理。他将原子看成是由居于中心位置的较重的微小核子和围绕在其周围体积更小的电子组成，就像太阳与围绕其运行的各大行星一样。尽管这种原子模型很快就在科学界被抛弃，但是却受到普通大众的欢迎，尤其是在20世纪50年代，电子围绕原子核旋转的符号广为流传——甚至到如今，人们还是用这种符号教孩子，以此作为对原子的最初认识。这可能是个错误，但是我们很难摆脱这种形象的影响，我们现在知道原子的构造并不是这样的。

当然，在学术上，我们对于任何物理现象的描述都会出现这样不精准的情况，尤其是那些规模过大或是过小的现象，对理解会造成困难。从原子到大爆炸，我们对世界运行机理的解释都是建立在“模型”之上的，就好像在科学中用到的比喻。就如动画片《怪物史莱克》中的一句对话所表明的，如果对比喻（以及模型）理解得过于直接，就会造成误解。

电影中的主人公史莱克评论说怪物就像洋葱一样，因为他们都有很多层。而他的朋友驴子却理解得过于直接，认为怪物像洋葱是因为他们都有臭味，会让人流泪，或是丢在太阳下面会不长头发。对于比喻和模型，如果人们理解得过于直接或是过于自由发挥，那它们会是非常有害的——有时甚至比插图更具误导性。

物理学家尼克·赫伯特（Nick Herbert）曾经说过“每当他为学校的孩子们画出人们熟知的那种行星图模型来表示原子时就感觉自己是在欺骗人；这种模型哪怕是在他们祖父母那个年代，人们都知道是个谎言”。对此，科学作家约翰·格里宾（John Gribbin）提出了激烈的批评，他严厉地反驳说：“这种模型是谎言吗？不！至少不比其他原子结构模型更像谎言。”但是这种批评对赫伯特来说是不公平的——事实上，有些原子结构模型还是优于其他模型的。

受到批评的行星模型比过去的“葡萄干布丁”模型还是要好的，后者将原子假想成由一个均匀的正电荷体和散布其上的带负电荷的电子组成，就好比在葡萄干布丁上的水果一样。但是，比起更新提出的模型，行星模型同样也更具误导性，那些新的模型不认为电子的运动方式跟行星绕太阳运动的方式一样井然有序。

实际上，玻尔刚刚提出原子结构的行星模型时，就存在一个问题（这个问题也是爱因斯坦的量子论为人们所注意的地方）。轨道中的卫星——不管是围绕太阳运动的地球，还是围绕地球运动的月球或是人造卫星——始终都在改变着运行的速度。但这并不意味着速度会越变越快，因为这是一种不同类型的加速度。自牛顿以来，人们就已经知道如果不施加外力的话，物体会一直保持匀速直线运动。卫星试图沿直线飞出轨道，而引力是唯一持续的外力将它拉离直线，沿着曲线运动。任何物体如果受到外力的话就会改变速度。

在这种情况下，结果就不是像沿赛道运行的拉力赛车一样受到直线线性加速度影响，而是受到角加速度的影响。这种加速度使得速度大小保持不变但是运动方向发生改变。作为运动快慢的真实量度，速度包含速率和方向两个因素。尽管速率保持不变，但是速度的方向却不断发生变化，所以速度也是在不断变化着的。这点非常符合卫星的情况，在稳定的轨道中，如果不受任何阻力，卫星永远运行下去。但是，如果电子的情况确是如此的话，则会出现不同的问题，电子注定会向内部做螺旋运转，最后撞到原子核。

玻尔知道电子的速度发生改变的话通常会发射光线，这不可避免地意味着失去能量——所有的电磁辐射，与光一样，携带着一定量的能量。沿轨道运行并不断改变速度的电子会在发射光线后迅速失去能量，直到最终撞向原子核，造成毁灭性结果。但这一切并没有发生。（谢天谢地，否则现实当中物质的每个原子在被创造出来之后会在极短的时间内自我消亡。）所以玻尔巧妙地将原子置于假想中的轨道中。

玻尔认为电子并不是在通常意义上的轨道中运行，他想象电子是沿固定的线路运动，但是这些线路仍然令人困惑地被称为轨道。一旦处于轨道上——处于玻尔称为的定态时——通常的规则便不再适用：似乎这些假想的轨道限制住了光子，防止了能量的外泄。电子可以从一个轨道跳跃到另一个轨道——同时发出或是吸收光能——但是不可能处于两个轨道间的任何位置。对电子来说，它们不可能逐渐漂移、撞向原子核，它们只会瞬时间在固定的轨道之间发生跳跃。量子获得或是失去能量，在这些不同轨道之间发生跳跃的现象，被称为量子的跃迁。玻尔将原子数字化了。

尼尔斯·玻尔的故事可以先放一会儿，我们首先来看看那些改造并升级其理论的量子论少壮派——路易·德布罗意王子（Prince Louis de Broglie）、沃纳·海森堡（Werner Heisenberg）、艾尔温·薛定谔（Erwin Schrödinger）和保罗·狄拉克（Paul Dirac）。光通常情况下被看做一种波，爱因斯坦将之看成是粒子，德布罗意证明了如电子这样的微粒也可以表现出波的性质，以此推翻了爱因斯坦的观点。海森堡抛弃了玻尔看上去很吸引人的轨道模型，创立了矩阵力学，用十足抽象的数学来描述所涉及的过程。薛定谔则提出了一种新观点，描述了德布罗意所提出的波是如何随时间变化的，后被称为波动力学。而狄拉克证明海森堡和薛定谔两人的方法不仅是一致的，而且是完全相同的，于是将两种力学合成为了量子力学。

然而，在量子力学的花园里，并不是所有这些观点都算得上是玫瑰。如果薛定谔的波动方程被看做可以精确描述量子微粒特性的话（他希望存在这种微粒，因为他讨厌海森堡抽象的没有用视觉表现过程的矩阵），那么就会出现问题。如果根据薛定谔的方程所描述的,像电子这样的微粒是波的话，那么它会向各个方向展开，迅速地变得巨大。由于薛定谔的方程用到了虚数并且需要多于三维的空间来描述，所以当涉及的微粒不止一个时，会使情形变得更加复杂。最后是另一名新生代的物理学家——爱因斯坦的朋友马克思·玻恩（Max Born）——找到了解决方案，让波动方程变得可用。

玻恩与爱因斯坦的关系无比密切，但是他将一个非常简单的概念——概率——引入到了量子理论里面，让爱因斯坦和其他人非常困扰。为了让薛定谔的方程能够合理反映所观察到的世界，他建议不要描述微粒（如电子）是如何运动的，也不要揭示作为一种微粒的电子具有何种性质，只需描述电子在某一处出现的概率即可。于是方程就不用于描述电子的外形特征，而是大概地为电子可能出现的地点进行定位。这样做，就好比将我们对世界的形象认识从可以用当今地图精确描述的状态引至中世纪混沌的状态，只是在某一处标注着“这儿是电子”。

正是由于将概率引进到了量子世界中，才使得海森堡的不确定性原理浮出水面。沃纳·海森堡证明了量子粒子具有成对的属性，无法同时测得绝对的细节（属性只是一个物体能够被测量的各个方面，如质量、位置、速度等）。对其中的一个属性了解越准确，对另一个属性的测定则越不精确。比如说，对一个微粒的动量了解得越多，则对其位置的测定可能越不准确。[动量是微粒的质量乘以它的速度（方向速率），是一种被约翰·珀金霍恩（John Polkinghorne）客观地描述为"正在发生"的东西。]最极端的设想是，如果你准确得知了量子微粒的动量，那么它可以出现在宇宙中的任何位置。

牛津大学计算实验室的皮特·莫里斯（Peet Morris）提供了一种描绘不确定性原理的好办法。假想你给一个从你身边高速飞过的物体拍照。如果你能够非常快地按下快门，那么这个物体就被定格在空间中了。这样，你可以得到良好、清晰的物体形象。但是从照片上无法知道物体的运动情况。它可以是静止的，也可以是高速通过的。另一方面，如果你以较慢的快门速度拍摄一幅照片，物体将在照相机上显示出模糊的一片。这无法让你知道物体的外形是什么样的——它太模糊了——但是却能清晰地看出物体的运动情况。动量和位置之间的平衡与这种情况有点相似。

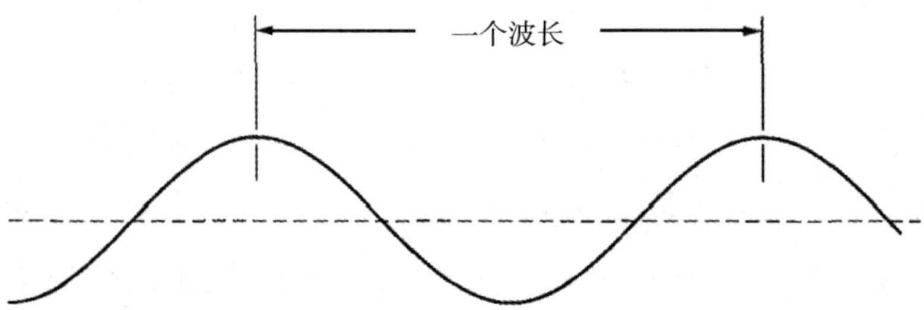

图1.2　光束进程中的波长

如果你考虑尝试进行这样的测量的话，这种不确定原理就变得很明显了。假定你用一束光来精确测定一个电子的位置，光能够确定的属性之一就是波长——光波在假想的运动中经历了一个完整的波动，所有波动点又回到原来位置时光波所走的距离。

光的波长决定了它在测定微粒位置时的精确性。但是光的波长越小，光所携带的能量就越多——被光照射对电子动量的影响就越大。仅需盯着量子，量子就会发生变化——这将成为量子理论的中心原则。

在海森堡的一篇论文中谈及了不确定原理是测量中的副作用，该论文用显微镜作为例子，提到用于观测微粒的光干扰了观测结果。然而，这种解释并不像它看起来那样简单直接。在海森堡的原范例中，测量作用导致不确定性——同时也暗示说如果没有任何测量作用，微粒的动量和位置就可能存在绝对值。

在海森堡将他的显微镜实例呈现给伟大的尼尔斯·玻尔时，这似乎是他最初的理解。据说当玻尔指出不确定原理是正确的，但是显微镜这个实例完全就是个误导时，海森堡当场流下了眼泪。显微镜实例假设存在这么一个隐含的事实——它描绘电子是沿着一个清晰确定的路径在运动，直到光破坏了这种运动。但是就量子论而言，事实并非如此。玻恩已经表明了薛定谔的波动方程描述的并不是微粒本身的情况，而是沿着某一特定路径运动的概率。电子并不遵循特定的路径——只能说当进行测量时，可以获取某些数值。这些数值可以提供参考（遵循海森堡原理），指出电子在某一时刻可能会出现在哪里，但并没有暗指电子是沿着某一特定为人们所知的路径到达该处的。

尽管这一点与17世纪哲学家所面对的一个哲学难题类似，也即在森林中，一棵树倒下，如果当场没有人听到，树是否真的发出了声音？但这对于在量子层面上到底发生了什么之争论是非常重要的，也可能是导致爱因斯坦与许多其他同事发生分歧的原因之一。

事实上，爱因斯坦在其早期的科学生涯中就对微观物理中随机性的作用感觉不安。奥地利的量子物理学家安东·塞林格（Anton Zeilinger）曾经指出，早在1909年在萨尔兹堡（Salzburg）举办的一次科学家和医师会议中（那次会议被庄严地称为德国自然科学家和医师协会萨尔茨堡会议），爱因斯坦在其发言中就评价说，在新近的物理学中他对随机性的作用感到了不安。

从爱因斯坦与马克思·玻恩的一系列信件往来中就可以明显地看出这点。在1924年4月29日的一封信中，他写道：

> 当电子在光照之下不仅在逸出的时刻而且在方向上都由自己的意愿做出选择，想到这点我就感觉难以接受。如果是这样的话，我宁愿做一个鞋匠或者甚至是赌场里的雇员，也不愿意做一个物理学家。

爱因斯坦无法接受这种随机性：他觉得在所观察到的现象背后应该存在一个严格的因果过程。就他看来，如果所有事实都是可以观察到的，那么电子从所在金属中逸出的时间和方向应该是可以预测的。与此相反，量子理论却认为不可能知道电子逸出的时间和方向。同样，量子理论认为只有经过测量才会得知微粒所处的某一位置——正是测量这个行为使得微粒的位置从可能性变得具有实际数值。微粒的其他属性同样如此。

在1926年12月4日，爱因斯坦完全被量子论激怒了，于是写下了下面这段后来成为名言的话：

> 量子力学固然是壮丽的。我内心深处有个声音却告诉我，它还算不上是真实的。这个理论说了很多，但是并没有真正让我们更接近上帝的秘密。无论如何，我都深信上帝一定不是在掷骰子。

爱因斯坦自己在工作中也大量利用统计学和概率，例如，在描述布朗运动的效应中，面粉和其他小粒子通过布朗运动，在流体中转来转去，分子由于快速运转而撞到一起。但是他的假设总是这种情况：即在这些概率后面确实存在真实值。

例如，概率论表明，扔硬币时，得到正面或反面的概率是50∶50——即概率为二中取一。但是，任何具体的扔硬币行为都有真实的、具体的结果。它将得到正面或反面，而当采用概率论研究多次扔硬币后，每次的扔硬币研究都有一个具体的结果。而现在，玻恩和玻尔却说，至少在量子物理学中，必须抛弃真实。存在的所有事物都是概率。爱因斯坦无法接受这一点——他在实际发生的事情和用于预测结果的工具之间做出了明显的区分。要明白他的问题所在，我们必须以快速迂回的方式来谈谈概率的性质。

“统计学”和“概率”是经常使用的术语，人们对它的使用热情多于准确度。维多利亚时代的英国首相本杰明·迪斯雷利说：“世上有三种谎言：谎言、该死的谎言和统计数据。”

这种对统计学的蔑视可追溯到这个单词最初使用时的意义，当时，它用于一个国家或社区政治事实的陈述（“统计学”的英文单词中的“stat”部分来自“state”）。本杰明·迪斯雷利之所以这样抱怨，是因为统计学几乎可用于支持所有政治辩论——但是，政治上的厌恶并不应该隐藏统计学方法的科学价值。对我们不可能单个监测的数量庞大的项目，统计学可给我们提供总的情况——现实世界中对气体的任何测量（例如，压力）差不多都是统计数字，因为它结合了其中存在的数以亿计的气体分子的影响。

另一方面，概率是关于机会的。它通常描述某些可能或不可能发生的事情。在任何特定的情况下，通常有单独的实际结果，但是我们可以给出那个结果的概率。因此，当天气预报告诉我们下雨的概率是50%时，实际情况就是下雨或不下雨。我们只是知道两者的发生的机会是非常均衡的。让我们应用前面的具体例子——抛硬币来看看概率和统计学。

想象一下，你有一枚硬币，并连续抛100次。每抛一次，将结果记录下来。概率论告诉我们，每次抛硬币，你获得正面或反面的概率是50∶50。因此，概率论预测，抛100次硬币，平均你将获得50次正面和50次反面。如果真的数一数正反面的次数的话，也许会得到正面48次，反面52次。这些统计数字告诉我们发生的事情。概率论是未来将要发生的事情的可能性——而统计学描述实际结果。概率论告诉我们哪种组合发生的可能性更多或更少，而统计学展现事实。如果我们抛更多次硬币，统计学结果将引导我们推导出50∶50的概率。统计学和概率论两者之间存在联系，但只有当我们采用无限大的统计样本时，这两者才能确定是一样的。现实世界中，不可能存在无限大的统计样本。

爱因斯坦认为微观世界也与此类似。这很像我们有一台聪明的机器抛硬币，并且自动地将所有正面的硬币送到一个封闭的斗中，而将所有反面的硬币送到另一个斗中。然后，我们可以通过重量来观察结果。我们能够用来描述发生情况的最接近方式是从统计学推导的概率——我们可以从重量看出，有48枚正面和52枚反面。通过许多次实验之后，可以推导出50∶50的概率。我们绝对没有看到一枚硬币或抛一次硬币，但我们知道硬币确实存在于机器中。同样，爱因斯坦深信在概率背后的某处存在真实。他认为，在概率背后，存在无法看到的一组实际值。这些数值，有时称为隐变量，它们是否存在激起了整个量子纠缠辩论。

虽然，爱因斯坦对薛定谔波动方程概率的原解释者玻恩表示了自己的担心，但是，在是否可以接受量子论方面，他与年龄较大的尼尔斯·玻尔发生了激烈的争论。对玻尔来说，最新的理论已经将他的原子轨道挤到了一边，这对他来说无所谓，他是量子力学的伟大支持者——事实上，由于玻尔丹麦研究中心的支持，量子现象最为广泛接受的理解仍然常常被称为“哥本哈根解释”。

爱因斯坦养成了嘲笑玻尔的习惯：他出现在会上，准备了一些经过深思熟虑的、挑战量子论有效性的实验。在索尔维会议上，他对他的丹麦同行进行了尤其成功的清算。索尔维会议聚集了当时物理学中鼎鼎有名的人物。

1927年在布鲁塞尔举行的第五届索尔维会议上，爱因斯坦对玻尔进行了第一次攻击。在听了许多名人谈论量子理论的最新发展后，爱因斯坦描述了一个简单实验，他认为这个实验暴露出了量子论存在的基本问题。他设想通过一处窄缝发射一束电子。在狭缝的另一边，电子（表现与波类似）发生衍射，从狭缝扩散，而不是以直线简单地穿过狭缝。然后，爱因斯坦想象一块半圆形的薄胶片，由于受到电子的冲击而留下标记。

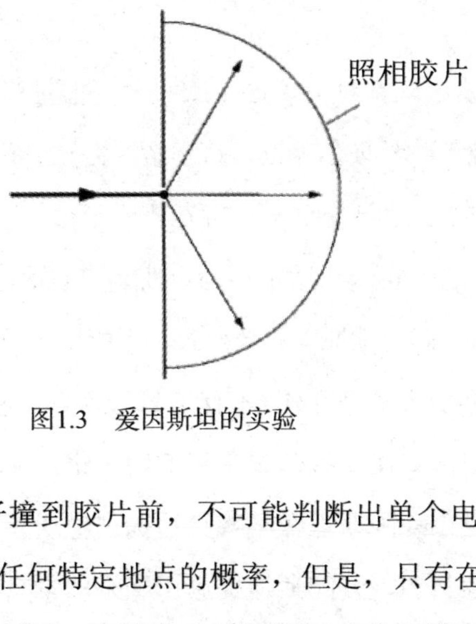

图1.3　爱因斯坦的实验

根据量子论，在电子撞到胶片前，不可能判断出单个电子的位置。薛定谔的方程描述了电子在任何特定地点的概率，但是，只有在撞击的瞬间，胶片上的点才会变黑而进行了一次测定。爱因斯坦对此不满意，他试图想象电子撞到胶片上的瞬间。他这样想象这个实验：如果量子论正确，就好像胶片上的每一个点都会随机变黑，这是由概率分布定义的。任何地方都存在突然变黑的危险。但是，小块胶片确实记录了一次冲击，则其他小胶片必须以某种方式立即知道其不能变黑。对它来说，似乎瞬时的交流必须将半圆形胶片的所有部分连接起来，告诉每块胶片是否要做出响应。

这一次，玻尔并不特别为爱因斯坦的评论所困扰——实际上，他发现这个想法完全令人困惑。他评论说："我感到自己处在一个很困难的境地了，因为我不明白爱因斯坦要说明的到底是什么。这无疑是我的过错。"

爱因斯坦并没有放弃，而是又继续想象了两个更复杂的假想实验。在会议开始前，他在旅馆吃早餐时抛出了这两个实验。这些假想实验的细节并不重要——爱因斯坦认为他所做的事情表明，通过某种聪明的操控（例如，采用快门，只让短脉冲电子或光子通过狭缝，而且将了解的快门和狭缝与测量粒子扩散得到的信息相结合），他可以否定不确定性原理，了解更多的粒子位置和动量信息。如果不确定性原理被证明是错误的，那么，量子论就存在严重的问题。

这一次，玻尔认真对待了这个威胁——但是爱因斯坦的新想法并不很具有说服力，在晚餐时，玻尔就准备好了解决办法。问题症结在于，爱因斯坦没有考虑到，测量快门和狭缝时同样存在不确定性。他假设这些是绝对已知的事情。然而，如果它们也一样适用不确定性原理的话，就不存在这种补充信息。这个假想实验与不确定性原理完全一致，不能用于反驳不确定性原理。

又过了三年，这两个伟人才有了另一次激烈辩论这个主题的机会。那是在1930年，同样是在布鲁塞尔举行的索尔维会议上。会议的主题是磁学，但是这并不能阻止爱因斯坦在早餐桌边提出他对量子力学的挑战。这一次他觉得他将成为胜利者。爱因斯坦提出了一个非常巧妙的想象实验来挑战不确定性原理的真实性，从而挑战量子论。

爱因斯坦的实验（应该强调的是，这并不是任何人要开展的真实实验，而只是用于测试理论的智力工具）由一个盒子组成，盒内装有辐射源。在盒壁上，有一个洞，一块挡板将这个洞挡住。将挡板快速地打开，在此期间，从洞口放出一个光子。

然后，据人们所知，虽然光子没有任何质量［如果你可以想象挡住这个光子并将其称重（实际上并不可能，因为爱因斯坦已经建立了光总是以光速移动的理论）］，它移动时的能量产生了一个有效的质量，这可以从$E=mc^2$中推导出来。因此，爱因斯坦想象在光子产生前后称量盒子的质量。这样，就可以得出光子的能量值，他想要多准确就可以多准确。但是，他还能够很精确地测量挡板打开的时间。这样，他就能够更精确地知道时间和能量，这比不确定性原理的精度要高。不确定性原理适用于时间和能量，正如它同样适用位置和动量一样。

玻尔找不出这个可怕的巧妙装置的缺陷。当时在场的一个人描述道：爱因斯坦安静地离开会场，带着“某种讥讽的微笑”，而玻尔激动地跑在他的旁边。

然而，第二天早晨，玻尔已经准备了反驳爱因斯坦的方法，具有讽刺意味的是，他正是利用了爱因斯坦自己的广义相对论来反驳他。他想象出爱因斯坦那个装置的一个特殊例子（虽然，通过做一点点工作，这一同样的争论可应用于不同的装置）。带挡板的盒子挂在一个弹簧上，这形成了称重机构，可检测质量的变化。盒内的钟打开和关闭挡板。

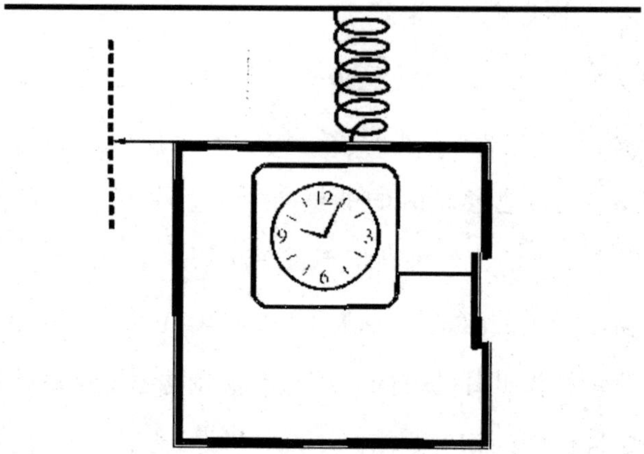

图1.4　玻尔版的爱因斯坦光子实验

现在，当光子跑出盒子时，整个装置将向上移动，显示重量的变化，从而显示能量的变化。根据爱因斯坦的广义相对论，当钟在引力场中缓慢移动时，这个数值存在不确定性，而且所测的时间也存在不确定性，这两种不确定性结合起来恰恰得出了不确定性原理这一结果。爱因斯坦不得不再次接受失败。然而，他试图攻击量子论的成果——测定能力互相干扰，挫败了他的挑战。然而，他仍然认为应该可以更深入地挖掘并揭露掩盖的真实性。

玻尔永远不能确信，爱因斯坦的这些攻击是纯粹技术上的抑或出于想要激怒他的冲动（虽然，没有任何证据表明，除了对量子论感到焦虑之外，爱因斯坦还受到其他什么东西的驱动；也没有任何证据表明他是一个善于社交的惹事角色）。甚至在多年之后，在1948年，玻尔对爱因斯坦的挑战仍然明显觉得紧张。物理学家阿伯拉罕・派斯详细描述了他怎样帮助玻尔，将玻尔与爱因斯坦争论的资料整理到一起的情景。玻尔访问普林斯顿高等研究院时，办公室就在爱因斯坦办公室的旁边（实际上，玻尔用的办公室正是分配给爱因斯坦的办公室，但爱因斯坦更喜欢他助理的那个小房间）。

人们认为，与往常一样，玻尔将文章的意思口授给派斯，因为他自己无法整理成句。他的脑袋里有想法，但玻尔发现很难掌握遣词造句。这位杰出的科学家围着房子中间的桌子快速走动，差不多是在跑动，不停地对自己重复着："爱因斯坦……爱因斯坦……"过了一会儿，他走到窗前，凝视窗外，不停地重复："爱因斯坦……爱因斯坦……"就在那个时候，门轻轻地开了，爱因斯坦本人蹑手蹑脚地走了进来。他示意派斯不要出声，派斯后来描述说"他的脸上挂着顽童般的笑容"。

爱因斯坦的医生禁止他买烟抽，为此，他尽可能按照字面意思执行这条禁令，他决定不到烟草商那里买烟抽，不过，他认为到玻尔那里拿点烟抽还是可以的。玻尔的烟就放在玻尔桌子上的盒子里。不管怎么说，他只是偷点烟抽，但却坚守了不买烟抽这条禁令。当爱因斯坦悄悄地走进房间时，玻尔仍然对着窗户，仍然不时地咕哝着："爱因斯坦……爱因斯坦……"

爱因斯坦蹑手蹑脚地朝桌子走去。就在这时，玻尔最后坚决地说出了"爱因斯坦"，然后转过来，发现自己与老对手面对面站到了一起，就好像咒语神奇地召唤他一样。派斯评论道：

> 如果说玻尔在某个时刻哑口无言是比较保守的陈述，我本人，虽然看到事情的发生，但是那一瞬间也明显感觉到非常神奇，因此，我能够很好地理解玻尔自己的反应。

但是回到1930年，在玻尔成功地击败了爱因斯坦的挑战后，玻尔在量子论的安全方面感觉更为舒畅。在爱因斯坦再次发起反击，并将玻尔置于完全的困惑之中，那是五年后的事情了，虽然有点讽刺意味的是，这反倒证明了奇特的量子世界确确实实存在。

在那五年里，爱因斯坦将一个假想实验的各种要素整理到了一起，这个实验使他能够将由不确定性原理联系起来的两次测定分开。他做得如此坚决，以致他相信一种测定不能够影响另一种测定。这样做的结果是，他越来越相信，他可以证明不确定性错误，从而动摇量子论的基础。在1933年的索尔维会议上，在听了玻尔有关量子论的最新思考后，爱因斯坦向利昂·罗森菲尔德口述了他的想法，但这一次，爱因斯坦并不想在早餐桌上发起轻量级的挑战。这次是一篇正式的科学论文。

他改变了战略，不再随随便便得意地向玻尔扔下几个梦魇般的问题，这也反映了欧洲的局势日益黑暗。希特勒统治的德国迫使爱因斯坦极不情愿地去了美国。他在新泽西州普林斯顿建立了自己的家，在那里度过了自己的余生。1930年新近成立的美国高等研究院，似乎是非常理想的居所。美国高等研究院由路易斯·班伯格和卡罗琳·班伯格创立，它将理论科学（这里过去没有，现在仍然没有任何实验室）、数学和历史等方面的专家聚集到一起，并提供非常宽松的环境。在这里，可以很好地工作，而不需要分散精力去教学生和作演讲。它具有大学所有的好处（从学术方面来看），却没有浪费时间的烦琐杂务。

正是在这里，爱因斯坦与两位合作者波里斯·波多尔斯基和内森·罗森撰写了一篇论文，公开提出了纠缠的含义。这篇论文于1935年5月15日发表在《物理评论》上，论文标题为《量子力学对物理实在性的描述是完备的吗？》。这篇论文后来以它三位作者的首写字母EPR而广为人们熟知。它的原意是通过证明产生的纠缠是怎样令人难以置信而摧毁量子论。爱因斯坦期望摧毁对手。

Chapter 2

Quantum Armageddon

第2章　量子的对决

我抛弃了罪恶(的量子)，

隐藏秘密的伤害；

但是，哦！我的内心坚硬无比，

我的感情也坚如磐石！

——罗伯特·彭斯（Robert Burns），《致年轻朋友的一封信》（*Epistle to a Young Friend*）

EPR。这是任何物理学家都可以立即将其与爱因斯坦、波多尔斯基和罗森关于量子纠缠的论文等同的三个首写字母。多年来，爱因斯坦一直让著名的量子科学家，尤其是尼尔斯·玻尔不安。现在，1935年通过他的论文——尽管前文所述的EPR代表的是三个人的姓名，但是，没有人怀疑，这篇论文包含的是爱因斯坦的观点——他已经开始宣战了。论文的英文措辞也许并不完美（爱因斯坦很快就将自己置身于过度复杂的文章之外），但是，索尔维会议上有趣的小冲突已经被放到一边，取而代之的是一封宣战书。

多年来，这篇论文有效地创造了纠缠概念，在很多方面都被误用或曲解。据说，玻尔对这篇论文的反应，证明了爱因斯坦和他的同事是错误的。

但真实情况并非如此。有人声称这篇论文根本不是真正的科学，更像是一种哲学上的姿态。也并非如此。然而，还有人声称EPR的逻辑必然性证明了爱因斯坦从头至尾都是正确的——然而，后来的实验证明这种观点也是错误的。

我们需要了解这篇论文在后来的整个物理学中引起许多反响的更多细节，但是，让我们先从摧毁那些错误的断言开始吧。这篇论文所做的便是向读者展示了一种两难局面，而这个两难局面是非常真实的。从这个意义上说，EPR是绝对正确的，爱因斯坦也没有错。EPR指出，要么是量子论存在缺陷，要么是定域性失灵；要么在宇宙中存在真正隐藏的、量子论认为是模糊的、不确定的信息单元；要么，换句话说，定域性——远距离分隔的两种事物，若没有东西从它们之间穿过，两者不能互相影响的这种说法——是错误的。

然而，这并不意味着爱因斯坦的支持者轻轻松松就获得了胜利。只要花几分钟时间阅读这篇论文就可以认识到，论文的作者认为，这种两难局面的方案是第一种选择：量子论确实存在缺陷。这从论文的题目《量子力学对物理实在性的描述是完备的吗？》就可以品味出来，而行文中这一点就更明显了。因此，就讽刺反映量子的叠加、量子世界允许粒子及在量子世界中，粒子一次可以处于一种以上状态的特点而言，EPR论文既正确，同时也不正确。量子论有漏洞，或者定域性有缺陷，从这一点上来说，这篇论文是正确的；但是，认为这两者中仅前者是明智的选择，在这一点上，这篇论文是错误的。

在论文的结尾，作者简单地提出了两种分隔系统彼此可以直接影响的可能性——定域性可以违背——只不过以非常简略的方式驳回了这种想法："没有任何现实性的合理定义预计允许这一点"，EPR说。不幸的是，正如我们现在所知道的那样，量子级别的世界运行随便怎么说都可以，但不能说是合理的。“合理的”没有进入公式。这意味着它对常识来说并不够，正如爱因斯坦等人所做的那样。这种断言需要实验证据。

爱因斯坦对这篇论文措辞的怀疑，坦白地说，得到了很好的证实。论文的写作风格并没有正确处理他的论据。爱因斯坦当时的英语水平并不是很好——他到美国才两年——真正动手写这篇文章的人是波里斯·波多尔斯基（Boris Podolsky）。波多尔斯基的措辞缺乏直接性，并且小心地避免了爱因斯坦喜欢的不必要的复杂性。EPR的基本论据因不必要的凌乱结构和散漫地使用术语而模糊不清。有合理的证据表明，爱因斯坦在论文发表之前根本就没看过论文，他只是与波多尔斯基和罗森（Rosen）讨论了这些想法，后来，由波多尔斯基写成了论文。

去掉复杂性，文章中隐含的命题足够简单。爱因斯坦和他的同事想象一个粒子分裂成两个，这是量子物理学中发生的最普通不过的事情。这两个新的粒子从不同方向射出，每个粒子带有数量相同、方向相反的动量，正如牛顿预言应该发生的那样。原来的粒子没有运动，因此，两个新粒子的动量必须互相抵消，因为，不可能莫名其妙地产生动量。这种设置有趣的是，每个粒子都可以告诉我们另一个粒子的某些信息。测定一个粒子的距离，你就可以知道另一个粒子的距离；测定一个粒子的动量，你就可以知道另一个粒子的动量。

根据量子论，测定之前，粒子的属性无法固定。请记住，这并不只是一直具有秘密数值的属性，现在，我们通过测量发现了它——量子论依赖于违反直觉的概念，即在测定之前，在某个点确定了特别的、实际数值（给出或得到不确定性程度）之前，仅存在不同数值的概率。

比如说，我们测定第一个粒子的动量，由于实验的纯对称性，我们立即就知道了第二个粒子的动量。但是，根据量子论，在第一个粒子被测定之前，任何一个粒子都不具有固定的动量。而现在，我们马上就知道了两个粒子的数值，不管它们运动分开有多远。

问题的关键之处就在于此。我们测定第一个粒子的动量时，第二个粒子怎么“知道”自己的动量应该是多少？如果在测定的那个时刻之前，它的动量只是一个概率范围而不是特定的固定值，是什么使它跳到某个特定的实际动量——与第一个粒子数量相等但方向相反的动量？在这个挑战中，爱因斯坦带来了我们前一章中提到的定域性概念。看起来似乎是，只有通过远距离瞬时作用，一个粒子才可以影响另一个粒子。毕竟，我们在测定之前，可以想等多久就等多久，因此，这两个粒子可以是分开数光年这么远。假设（正如爱因斯坦所做的那样）两个粒子之间不可能进行任何瞬时交流，我们能做的推导便是：第二个粒子已经具有那种动量。

这实际上就是要求我们差不多得出这种断言：要么量子论存在缺陷，要么定域现实性的整个概念分崩瓦解。EPR中最明显的不必要的复杂性在于，接下来，它就开始谈论进行粒子位置的第二次独立测定。确切地说，EPR建议进行第二次类似的实验，但是这一次测定其中一个粒子在某个特定时间的位置。再一次，只要我们喜欢，我们就可以设定（在我们设备的极限之内）粒子已经移动的距离，假设我们忽略动量，从这一点也可推导出第二个粒子移动的距离。我们一测定第一个粒子的位置，立即就知道了第二个粒子的位置，这意味着它的位置已经具有那个实际值，除非两者之间存在某种神秘的、即时的、远距离交流。因此，EPR的结论是：第二个粒子已经具有固定的动量和位置，这一点直接违背了量子论。正如论文所写：

> 如果，不以任何方式干扰系统，就能准确地预测（即概率为1)某一物理量的值，就必定存在一个物理实体的要素与这个物理量对应。

EPR着手证明可以准确地预测动量数值及远处粒子的位置，虽然不是在同一时间——与爱因斯坦以前的尝试不同的是，EPR并不打算反驳不确定性原理。如果预测是可能的话，因此在这些测定之中隐含着某种真实，则量子论存在问题。

然而，我们必须记住，他们实际上想方设法去做的是：证明要么量子论存在某些遗漏，要么定域现实性是不正确的假设。EPR评论说：“没有任何现实性的合理定义预计允许这一点。”他们这样说是做好了消除远距离作用的准备的。我们将在第五章中看到，就爱因斯坦所关注的而言，为什么这是任何感性理论的一项强烈的要求。

实际上，论文采用的实例（可能是罗森选择的）并不是最好的，因为当研究动量和距离时，隐含的数学恰巧比其他粒子属性更复杂。正如我们所看到的那样，确实没有必要涉及两种属性。需要的只是证明当两个粒子相隔太远，在结果可以检查之前，信息无法从一个粒子传到另一个粒子，测定一种属性，立即固定了第二个粒子的这种属性的数值。另一位美国物理学家戴维·玻姆，后来介绍了一种EPR假想实验的变化形式，在这个实验中，测定的不是动量和位置，而是测定类似粒子对的自旋，使它成为量子论两难局面更简单、更清楚的示范实例。

量子粒子的自旋是另一种“怪物就像洋葱”模型，比喻的含义多于现实性。电子绕原子核轨道运动，正如行星绕太阳轨道运动一样，这个例子方便实用的原因之一便是，电子具有类似角动量的属性。正如普通动量描述沿直线运动的物体必须保持继续前进的倾向，这样，角动量，或更合适的称呼是轨道角动量，是一个物体绕另一个物体的轨道运行的“吸引力”。角动量越大，越难使它停下来。而且，粒子还具有变化的属性，因此，很像假设的怪物，像洋葱，在太阳下变成棕色，几乎不长白色发须，这是随意决定的（与模型配合），这种属性应该称为自旋角动量，或简称“自旋”。

在平常的世界中，自旋动量是物体绕自己本身的轴旋转的动量。抛开地球绕太阳运转的某种画面，理论家想象粒子具有这种新的属性，是因为电子绕本身的轴旋转。情况并非如此。就像他们本来可以轻松地将这种属性称为盐度、反弹或易碎性一样，但是，他们决定称它为自旋。

最基本的是，自旋是一种区分到达两种姿态——向上旋转和向下旋转的粒子的方式。（向上和向下描述了轴的方向）。想象右手呈杯形握住电子，大拇指朝上。如果想象电子沿手指的方向旋转，从顶部向下看呈逆时针方向，则旋转为向上旋转，为大拇指的方向。但是，请记住，这并没有反映任何事物的实际行为。实际上，我们能说的便是：以不同方式旋转的粒子，当通过一个像隧道一样且一侧是北磁极另一侧是南磁极的检测器时，将在不同的方向变化。

如果，不管所有这些警告，你接受电子确实是绕某个特定轴旋转的危险想法，则测定的现实性将粉碎你的想象。不管你测定电子自旋的是哪个方向，它都将是那个方向的“向上”或“向下”——它不可能是两者之间的某个地方。对真正自旋的物体，如地球，如果我们试着在某处而不是通过磁极的线测定它的自旋，我们将说它是向上自旋和向下自旋之间，是综合两者的要素组合。但是，对量子粒子来说，自旋完全与此不同。它只能是向上自旋或向下自旋，不管你在哪个方向测定它。自旋是一种量子化的数字特性。测定得到“向上”或“向下”的概率将有所变化，但是，只能存在两种可能的结果。

与原EPR论文所述相互联系的动量一样，因此，当两个粒子建立纠缠时，第二个粒子的自旋与第一个粒子的自旋互相联系。在测定第一个粒子时，自旋值要么不可思议地传达给第二个粒子，要么它一直就具有一个数值。

这个EPR自旋变化形式的主要优点在于其数学简单得多，但基本概念是一样的。

利昂·罗森菲尔德（Léon Rosenfeld）是玻尔的年轻同事。据阿伯拉罕·派斯（Abraham Pais）对玻尔阵营关于EPR反应的描述称，当EPR论文发表的时候，罗森菲尔德正在哥本哈根。论文发表的第二天早晨，玻尔闯进他的办公室，他当时觉得莫名其妙。因为玻尔狂笑、大喊大叫，精神错乱地喊着："波多尔斯基、欧波多斯基、埃波多斯基、西波多斯基、埃西波多斯基、巴西波多斯基。"即使玻尔解释说这连串名字只是霍尔伯格（Holberg）的戏剧《尤利西斯·凡·伊萨卡》（*Ulysses von Ithaca*）中一名仆人说的打油诗而已，但这种解释无济于事，没法使他的行为看起来更合理。

派斯讲述的玻尔让人震惊的情景与罗森菲尔德本人的描述有一点不同。罗森菲尔德称是他告诉玻尔EPR论文的事情，而不是玻尔自己闯进来告诉他，并描述了玻尔对EPR论文关注迅速升温的情景：

> 当玻尔听完我关于爱因斯坦论文的论证后，一切事情都被放下来了：我们不得不立即澄清这种误解。我们应该利用论文中同一个例子来进行反驳，展示正确讨论量子论的方法。玻尔非常激动，立即开始向我口授这种反驳的大纲。不过，他很快就有点犹豫不决。"不，这没有用，我们必须全部重来……我们必须使它更清楚……"因此，持续了那么一会儿，我们对论证出人意料的微妙性越来越好奇。他不时地转向我："他们是什么意思？你理解吗？"

经过几个星期在地板上的徘徊、喃喃低语和心情不快，玻尔终于能够在多个层面上回复EPR。其中一个就是简单地说，这种方法反对的是互补原

理 ——互补原理名字笨拙，但它是量子论的核心。互补原理认为，观察一个现象有两种互相排斥的方法，一种方法完全可行，直到你采用另一种方法——此时，前一种方法变得不可能。例如，互补性称可以认为光像粒子或波一样作用，但只要你做一个实验，要求光按这两者中的一种表现，则它就无法按另一种处理。

同样，互补性称一旦你做实验测定一个粒子的动量，你无法同时测定运动的距离。玻尔对EPR采用动量和移动距离的讨论来反对互补性感到不快。但玻尔的这种论证误解了EPR的观点（考虑到他笨拙的言辞，也许不应该责备他）。测量动量和移动距离这个组合是分散注意力的无关论点。即使在原EPR的公式中，他们觉得奇怪的地方是这种方式：当观察第一个粒子时，第二个粒子的动量立即被固定，不管它们分开多远。或者是这种方式：一个粒子的距离由另一个粒子固定，而不是结合两种方式。

一开始，EPR似乎有机会动摇不确定性。为什么不测定第一个粒子的动量和第二个粒子的距离呢？在每种情况中，我们都只测量了一种属性，因此，在绝对准确地得到一个粒子的动量和另一个粒子的位置方面似乎没什么问题——然后，综合两者来反驳海森堡的不确定性原理。事实上，这个挑战是一种假象。就在第二个粒子的位置测定之前，我们可能知道它的动量，这是正确的，但是，当我们测定距离时，我们知道的动量就不再有效：量子论的根本在于，正是测定这一行为导致了变化。

实际上，玻尔没有提供令人满意的方案来反驳爱因斯坦。这一点几乎是必然的。因为EPR实际上并没有错。正如我们所看到的那样，它的基本前提是：要么量子论有漏洞，要么纠缠的粒子违背定域现实性，这个前提是正确的。玻尔无法将EPR反驳得体无完肤，还可能是因为他从根本上同意EPR作者的一个重要主张。同爱因斯坦一样，他认为非定域作用是不可能的。

这不是玻尔偏离他澄清之路的某种东西。在他对EPR的反驳中，他评论说，对一个粒子进行测量，将影响另一个粒子“定义测定可能类型的条件”。但这似乎是让EPR在重重困扰中喘不过气来的企图的一部分。毕竟，同年他所写的支持非定域性的文章意味着“我们将真实地发现我们处于不合理的领域”。玻尔认为，实验中一个地点的作用应该影响另一个完全隔开的地点所发生的事情，这是“完全不能理解的”。无论如何自负，尼尔斯·玻尔内心深处仍是一名秘密的EPR支持者。

也许因为如此，玻尔对EPR的反驳更像是政治上的姿态，而不是实际上的科学挑战。他举起了一团迷雾，而且由于EPR的措辞复杂，许多人对它置之不理，或者认为它更像是语义学问题，而不是物理学问题，这一点也帮助了玻尔。

到现在为止，玻尔和爱因斯坦采取的立场仍缺乏足够的共同基础让他们理智地交流。物理学家戴维·皮特作了一次有名的观察，他将他们两人的态度与塞尚及一位现实主义画家进行比较。这两个画家都喜欢画静物，即放在桌布上的大量橙子。结果这两个画家都争论说对方的视觉缺了点什么。每个画家画的都是实体的某个角度，一个画的是静态图像，另一个画的则是更具整体感的橙子及其背景。实际上两者都没有“错”，但两者都不是完整的。玻尔和爱因斯坦的情况也正是如此。

正是EPR的这篇论文才真正将纠缠这个概念带入生活当中。正如我们在第一章中所述，埃尔温·薛定谔受到爱因斯坦、波多尔斯基、罗森工作的启发，在《剑桥哲学会汇刊》上发表了一篇文章。他在文章中写道：

> 当两个系统，我们通过它们各自的代表知道其状态，由于它们之间存在已知的力，进入临时的物理相互作用。当经过一段时间的相互影响之后，系统再次分开，然后，它们不再能够以前面的方式描述，也就是将其自身的代表赋予它们中的每一个。我无

> 法认为一个具有量子力学的特征，而另一个完全背离了经典思想理论。通过相互作用[量子状态]，两个代表纠缠在一起。

这里出现了单词“纠缠（entangled）”，第一次用于描述量子力学的这种特性（薛定谔的原话）。幸运的是，薛定谔的确使用了这个术语。在同一篇论文中，他还以让读者感觉难以接受的方式提到了这种现象，也许因为他的母语德语倾向于以多种笨拙的混合将词语堆砌到一起。薛定谔指出，纠缠并不只是连接两次具体的测量，而可能是测量的整体无限性。他评论道，这是凭借“无论什么技术上（的帮助）”——因此，我们能够谈论纠缠，而不是amnemo－technical连接，对此，我们应该表示感谢。

对两个纠缠粒子隐含的纠缠的神秘远距离连接，薛定谔与爱因斯坦一样感觉不舒服。定域性的破坏将打破相对论的界限，为了回避任何此类说法，薛定谔说，他认为纠缠过程的寿命非常短——实际上，他认为纠缠只能在这样的距离内存在：与系统中其他变化发生的时间相比，光从一点运动到另一点的时间可以忽略不计。自那以后，这种假设被实际的实验所击败——而且除了薛定谔关注保护这种精神及相对论具体的现实性之外，这种想法不存在任何理论基础。

EPR将是爱因斯坦对心情紊乱的玻尔和他宝贵的量子论的最后一击。从这里开始，我们将把爱因斯坦抛到脑后，追随他本人并不想做的创造，谈谈量子纠缠的重要事情。但是，在把爱因斯坦放到一边之前，值得记住的是，他停止了面对新的挑战，但对量子论的反对并没有远去。1944年9月7日，在EPR论文发表近十年之后，爱因斯坦在致马克思·玻恩的信中写道：

> 我[相信]客观存在的世界中的完整规律和秩序，我，以狂热的推理方式，努力想抓住这些规律和秩序。我坚定地相信，相比

我曾经命中注定发现的，有人会发现一种更实际的方式或更有形的基础。甚至量子论伟大的初步成功也无法使我相信这个基本的博弈。

1952年，就在他去世前的三年，爱因斯坦仍然痛斥量子论：

这种理论提醒我，这是一个极度聪明的妄想狂的妄想系统，编造了不连贯的思想要素。

对爱因斯坦来说，量子论（以及量子纠缠）永远都讲不通。

爱因斯坦、波多尔斯基和罗森的论文中包含的谜题，后来被广泛称为“EPR佯谬”。对这种描述，内森·罗森（Nathan Rosen）一直觉得不快。在20世纪80年代的一次纪念EPR五十周年的会议上，他宣称：“这个术语是不妥当的，并不存在任何佯谬。”但是，罗森没有必要进行防卫。爱因斯坦本人在致埃尔温·薛定谔的一封信中，称EPR论文提出来的这个问题为一个佯谬。（他还抱怨说，正如我们所看到的那样，在EPR中使用粒子的一个属性与粒子的两个属性，挑战一样容易时，EPR隐藏了真正的问题。他告诉薛定谔，处理动量和位置这两个属性“ist mir wurst”，字面意义就是“对我来说是香肠”——这是一个德语习语“我无法在意得更少一些”。）

某些解释者认为，使用“佯谬”听起来好像EPR揭露了量子论的不合理性和荒谬性——但这种说法是混淆了“佯谬”和“谬论”。佯谬的核心要点在于，它是挑战常识的一个真实结果、一件实际发生的事情。佯谬让人抬起眉毛，感觉有点惊讶，但从技术上说，它是正确的。我认为，EPR被当做一种佯谬，因为它似乎是在挑战量子论，然而，在实际中似乎未取得任何结果，只不过让人抬几下眉毛而已。正是在这种“有趣但与真实科学无关的”矛盾状态中，量子纠缠一直这样保持着，直至理论突破将它带入真实的世界。

这并不意味着玻尔——“哥本哈根[或标准]解释”取得了量子论的胜利，EPR是量子论的最后挑战。戴维·玻姆（David Bohm），那个隐藏在EPR自旋变化形式背后的人，根据德布罗意的想法，想出了一个非常精妙的方法。称为量子势方法，这个方法似乎可以解释普通的经典效应和量子现象，却并没有放弃位置和动量之类属性的真实值概念。玻姆的理论并非不存在任何问题——或者它将代替扭转思想的哥本哈根解释——但它是一个有效的挑战。

同样，“多世界”理论也有几种变化说法，其中每次测定分裂新的宇宙（一个用于量子状态的每种可能结果），或测定让“我们的宇宙”在一组已经存在的平行事物之间转换。每种解释都有它自己相对较少但热心的追随者。虽然量子纠缠是量子论非常重要的一部分，但是，没必要确定一个特别的理论解释来追随量子纠缠的发展。最后，这些只不过是解释模型——如果任何理论否定量子纠缠，它就陷入了严重的问题，需要提供实验证据。约翰·贝尔，一位来自北爱尔兰的无名物理学家，突发灵感，提出了证据。

除他的同事外，贝尔可能是没有任何人知道的最重要的科学家。科学家与电影明星或政治家不同，电影明星或政治家的出名靠的是进入公众的视野，而科学家躲在自己的工作后面，不管他们的工作对我们的生活影响有多大。

当然，也有几个名字进入公众的意识——艾萨克·牛顿（Isaac Newton）和阿尔伯特·爱因斯坦（Albert Einstein），查尔斯·达尔文（Charles Darwin）和理查德·费曼（Richard Feynman）。如果《星际迷航：下一代》（*Star Trek: The Next Generation*）是任何会逝去的东西，我们还应该在我们的名单中加上斯蒂芬·霍金（Stephen Hawking）（在剧中，霍金在全息甲板上玩扑克牌，“进取号”的机器人Data的原型就是这个伟大的科学家）。但是，绝大多数科学工作者，不管有多么能干，仍然都默默无闻。其中就有约翰·贝尔（John Bell），他是一个留着胡须、红头发的理论物理学家。1964年，他因建立了量子纠缠的现实性而一跃成为关键人物。

36年前（译者注：指的是相对1964年），贝尔于1928年7月28日在北爱尔兰的贝尔法斯特出生。在这个宗教分裂的国家，贝尔家族是温和的爱尔兰教会的新教徒（同一圣公会的一部分，与美国的新教圣公会一样），但是，他们家族从没有偏见。而这个分裂国家北部地区的人因宗教偏见生活受到毁坏——贝尔家族在宗教和政治领域都有许多朋友。

贝尔家族历史的实际氛围强于学术氛围。当年仅11岁的约翰少年，当时叫斯图尔特（Stewart）（他名字的中间部分，贝尔一直用这个名字，直到上大学），自豪地宣布他想要成为一名科学家时，这是一件非常让人吃惊的事情。但是，贝尔的母亲安妮（Annie），在贝尔14岁以后，仍然鼓励斯图尔特继续学业，在这个年龄，他的兄弟姐妹都已经离开学校开始找工作了。他的进一步深造首先是在贝尔法斯特技术高中学校，然后进入贝尔法斯特皇后大学。用安妮的话说，她想要他过一种“每天都可以穿星期天礼服的生活！”

贝尔具有明显的天赋和学习的热情。他在家里有个绰号叫“教授”，因为他乐于与任何愿意长时间站着听他讲话的人分享他的学识。但是，贝尔还是强烈地意识到他的教育对家庭造成的负担，他在毕业后没有找一份学术职位——在20世纪50年代薪水微薄，而是在总部位于哈威尔（Harwell）的英国原子能研究所找了一份工作。哈威尔处于英国农村的中心。正是在那里，他遇见了他的苏格兰未婚妻玛丽·罗斯（Mary Ross），她应聘到同一个研究小组中。

到1960年，贝尔对哈威尔工作的热情已经消退。欧洲粒子研究中心为贝尔夫妇提供了就职机会，他们抓住了这个机会。欧洲粒子研究中心（CERN）是一个庞大的国际高能粒子研究机构，名义上位于日内瓦，但实际上散布在瑞士和法国边境之间。CERN因其副产品电子信息交流工具环球信息网的成功及其在丹·布朗（Dan Brown）的惊悚小说《天使与魔鬼》（*Angels and Demons*）中的作用而闻名于世。CERN是这样一个地方，在这里，人们将宇宙的基本成分与巨大的能量一起打碎，试图分析它们的组成，理解它们的特性。

贝尔在CERN的工作是粒子物理，但业余爱好是量子论的基本原理，他利用了一年的休假机会到美国斯坦福大学、威斯康星大学和布兰迪斯大学访问，追寻自己对某些原始理论的兴趣。1963年年底，他已经写好了一篇论文，导致了今天量子纠缠的著名应用。

当贝尔在一份不那么出名的杂志（很快就破产了）《物理学》上发表他的论文时，并没有立即引起明显的反响，这只不过是一篇只让非常少的读者感兴趣的抽象理论文章。贝尔的论文表明了怎样进行间接测定，以证明量子论的一个预测是否正确。贝尔推导了一个测定，可以表明两个纠缠的粒子是否真正能够远距离相互影响，或者量子论是否有漏洞。过了五年，才有人注意到贝尔的工作，打开了实验探索量子世界这种奇怪特点的道路，又至少过了十年，才坚定地建立了超出合理怀疑的成果。

虽然的确对量子论着迷，但贝尔自己对量子论的感情很复杂。他曾经评论道："想到它可能是错误的，我犹豫了，但我知道它已经被破坏了。"通过这段话，他似乎表达出不管量子论的核心是什么，它并没有进行很好的描述——量子现象的解释仅仅是讲不通。他在论文中评论他的同行物理学家尼克·赫伯特（Nick Herbert）时，这种态度表现得最为清楚，他很高兴"在一个模糊、偏僻的地方，偶然发现了某些难懂、清楚的东西"。

让贝尔恼怒的并不是量子论的存在，而是关于量子论说法的模糊性。他也觉得量子论中存在某些漏洞。在他批评量子世界的核心理念中，他本能地倾向与爱因斯坦站到一起，反对大多数的物理学家。1964年，他介入量子论的目的是想出一种新的假想实验，以更清楚地证明，只有量子论是错误的，才能具有定域现实性——“现实性”在此处的意思是测量值是真实的，如果隐藏了的话，而不是模糊的概率分布。贝尔曾经评论道：“我感觉爱因斯坦的智力优于玻尔，在这个例子中，这种优势是巨大的，这个清楚地看到需要什么的人和蒙昧主义者之间的鸿沟是巨大的。”据物理学家安德鲁•惠特克（Andrew Whitaker）说，贝尔认为玻尔对EPR佯谬的反应语无伦次。

也许奇怪的是，贝尔的这种观点在当时是异乎寻常的。实际上，在20世纪60年代至90年代之间，每个撰写关于EPR和贝尔文章的人都采取了同样的立场：整个世界都认为EPR的结果是：爱因斯坦是错的，而玻尔是对的。

事实上，这种断言，今天仍然有些作家采用，这是非常冒失的。世界上大多数人没有听说过EPR或玻尔，但认为爱因斯坦是正确的，因为，好吧，就因为他是爱因斯坦，因此，他必须是正确的。

然而，科学界的许多人，对量子论解释观察到的结果很满意，而不想被拖入哲学争端中，准备接受玻尔的观点，而并不想这到底意味着什么。只要结果与实验相符，你可以把这种解释造成的任何不快置之不理。

贝尔对玻尔的明显轻视必须在当时背景中理解。我认为，任何科学家都不会否认尼尔斯・玻尔是一位伟大的科学家。约翰・贝尔的想法也不可能有什么不同。玻尔对我们对物理世界的理解作出了巨大贡献。只是大多数旁观者宁愿他没有采取他那模糊的策略，而是坚持更实际的事情。没有人曾经认为玻尔擅长与人沟通。

贝尔的假想实验最终重新唤起了人们对纠缠的兴趣，它是以EPR的自旋测定变化形式为基础的。他设想一个粒子分裂成两部分，与往常一样，从两个相反的方向射出。在彼此相隔很远时，等着两个粒子的是测量装置，用于发现两个粒子的自旋。但是，这两台测试装置并没有以相同的方式排成一条直线。一台测试装置可能从与垂直方向成22度角测量自旋是向上或向下，另一台装置可能成54度角或成任何角度测量。

现在，如果这两台检测仪器以相同的方式排成一条直线，贝尔证明可能建立“隐变量”来解释发生的事情。而且，如果一个粒子的结果取决于两台检测装置的对齐（由于没有时间让实验一端的粒子与另一端的检测装置对齐，定域性似乎可以排除），他可以得知隐变量发挥了作用。然而，他证明不可能想出一个变量或一组变量，可以妥善处理完全独立的检测器的方向设定，因为粒子没有任何手段“知道”两者的对齐。

正如人们所知道的论文结果，贝尔的理论表明，若不从想象中扔掉定域性，你就无法作出量子论预测。除此之外，他还描述了一种状况，根据定域性是否适应或量子论预测是否正确，结果将会有所不同。如果你在很宽的角度范围内比较两个检测器的结果，量子论预测一个结果：定域性，通过它的隐变量，预测另一个结果。通过正确的实验设置，你要做的就是测量一组数值。如果它们在统计学上超出某个范围（称为贝尔不等式），那么，贝尔的理论就是正确的，定域性就要被抛弃。

约翰·贝尔大胆提出了20世纪最伟大的某些想法。与所有独创的科学思想家一样，当贝尔认为自己是正确的时候，就做好了不理会其他任何人观点的准备。他的想法不是为了证明爱因斯坦是错误的——没有什么比证明爱因斯坦是正确的，而量子论有缺陷更令贝尔高兴的了——但是，凭着令人钦佩的科学客观精神，而不是陈述任何个人喜好，他提出了清楚的二者选一的方案，其中只有一个可以保留。

更重要的是，贝尔描述了一个实验：虽然在技术上仍然只是一个假想实验、精神挑战，而不是实际的实验，但是原则上，它是可以在现实世界中开展的。这与爱因斯坦对量子论华丽的挑战形成了鲜明的对照，后者从未想过要付诸实践。贝尔已经将量子理论的战场从假想转移到了实验室，而且，得出的结果甚至引起了更为激烈的争论。

Chapter 3

Twins of Light

第3章　成双成对的光

在那连绵起伏的群山

克拉拉在悬崖边缘扔下她照看的双胞胎，

说道：

“我现在想知道，

哪一个最先到达山谷？”

——哈利·格拉汉姆（Harry Graham），《无情家庭的无情之歌》（*Ruthless Rhymes for Heartless Homes*）

约翰·贝尔提出了将EPR付诸实验的机制，即提供了一种在量子论和定域现实性之间选择的实验基础，但是，对他来说，写这篇论文仍然只是出于兴趣，而不是实际——而且，无论如何，贝尔是一名理论家而不是实验科学家，他既没有机会也不想在实验室中将自己的论文付诸实践。将他的想法付诸真正的实验，得到广泛认同的结果，以此证明或破坏量子论，证明纠缠是否真的可以提供不可思议的连接，这将是法国年轻的科学家艾伦·阿斯派克特（Alain Aspect）的工作。他是一位特立独行的人。

阿斯派克特绝不是那种口袋里放着防止笔漏水的塑料袋、戴着厚厚的眼镜、对实验室外的任何事情都缺乏深入理解、与尘世脱离的老套科学家。1947年，阿斯派克特在法国西南部盛产葡萄酒的波尔多地区附近出生。他在巴黎学习物理学。他个子很高，留着令人印象深刻的、飘逸的胡须，你或许会猜他是一名法国电视节目主持人，甚至是一名酒吧男招待，而绝对不会是一名科学家。在获得博士学位后，他的独立精神把他带到了喀麦隆，在那里，他作为一名助理工作人员，在非洲的太阳下努力地从事着辛苦的物理工作。

这个中非国家的大部分地区从西部的几内亚海湾呈狭窄的带状延伸到北部的乍得湖，它只是法国的一个殖民地。正是因为它与法国的这种关系，才在1971年将年轻的阿斯派克特带到这里。在炎热的晚上，由于日间的体力劳动而筋疲力尽，阿斯派克特让自己的思想在他认为最有趣的物理学挑战中漫游，尤其是有关量子力学的争议。

这是一个他在大学时就感兴趣的主题，但是，他对量子力学的表达方式一直觉得不舒服。现在，有机会以自己的方式考虑事情了，他能够构建一个与自己的思想符合的精神结构，将量子世界的个人观点糅合到一起，而不受当时潮流的影响。

在物理学中提到潮流似乎有点古怪。人们很容易认为，科学是纯客观的，高贵地超然于时髦和时尚之外。在科学中，事物肯定要么是对的，要么是错的，而不是处于时尚或远离时尚？好吧，情况并非如此。事实是，科学和裙摆一样是一个时尚的主题，只不过，它不是几个有影响力的设计师的兴之所致，科学的当前时尚是由人们认为目前机会最多的领域组合决定的（最可能将学术职业生涯向前推进的领域），同时也是由那些负责为研究提供资金的政治欲望决定的。

在20世纪70年代初，探索量子理论的基础就像灯笼裤那样早已过时。自然科学中的大人物似乎全都热衷于将粒子与越来越多的能量一起粉碎，或建立新的宇宙学理论，大胆预测（有时候不可能）宇宙是怎样形成的。粒子物理学尤其具有吸引力，因为它产生了全新的结果。当时，我是一名大学生，似乎每个星期，我们的演讲者就会兴奋地宣称又发现了一种新的粒子。情况更妙的是，粒子物理学还涉及到制造巨大的、亮闪闪的、在电视上看起来很不错的机器。政治家们看到，他们正在赚他们的钱（或者你的钱）。

另一方面，量子论让人感觉已经是一个没有什么作为的领域，在这个领域里，与理论符合的实验具有令人厌烦的预测性。对我们来说，量子世界似乎仍然非常奇特而且新鲜，但对当时的物理学家来说，它只是一个老人的游戏。甚至“量子力学”中的“力学”两个字似乎也让它显得过时。当然，这种解释并不是很清楚，但是，对实际结果来说，并没有什么区别。量子力学是这样的一种理论：前一代人已经揭露了所有令人兴奋的东西。这就像你父亲对裤子的品位一样过时了。

在非洲闭塞的生活中，即使他愿意，艾伦·阿斯派克特也不可能被拉进当时最火热的主题中。正如所发生的那样，他采用了极具个人特色的方法，那种不走常规路线的方法。相反，他对爱因斯坦、波多尔斯基和罗森的论文发生了兴趣，当时，这篇论文已经发表三十多年了。不知怎么的，他不仅无意中发现了至少是物理学历史上的著名文物——原始论文，而且还发现了贝尔令人感兴趣但默默无闻的EPR概念的引申，这指引了实际实验的方向。在这里，阿斯派克特遇到了挑战，至少在当时，这只是在他的头脑中遇到的挑战。

与其花时间把事情想透彻，不如冲进实验室，这就是证明阿斯派克特迎接量子纠缠挑战的伟大武器。到他返回巴黎时，他决定要彻底解决贝尔不等式的结果。

阿斯派克特不是第一个想到把贝尔的想法付诸实际实验的人。1969年，四个美国物理学家发表了一篇论文，将贝尔的想法往现实之路推进了一步。这篇论文是平行研究相对珍贵的实例，得到了肯定量子论的结果。在历史的长河中，经常有两个人或两个团体几乎同时产生了同样的想法。一旦一种想法流行，仅仅激起创造性的火花，四散开去，火花常常不只发生在一个地方。

最糟糕的情况是，平行研究会引发谩骂、剑拔弩张和法律纠纷。当艾萨克·牛顿和德国数学家戈特弗里德·威廉·莱布尼茨（Gottfried Wilhelm von Leibniz）同时发明了微积分时，牛顿确信这是一起剽窃事件，并主导了一场让莱布尼茨承认欺骗的论战。莱布尼茨是著名的英国皇家学会的成员，他抱怨自己被人中伤，为了应对，他建立了11人组成的委员会来确定谁具有优先权。这个委员会的报告由皇家学会的会长撰写，强烈地支持牛顿，这是莱布尼茨永远不能接受的结果。他不愿意接受这个结果还可能是因为下述事实：当时皇家学会的会长正是艾萨克·牛顿本人。

这种争议并不仅仅限于数学世界。当美国的托马斯·爱迪生（Thomas Edison）和英国的约瑟夫·斯旺（Joseph Swan）几乎同时以碳灯丝展示一个电灯时，两者之间并没有信息泄漏问题，它纯粹是同时研究的。虽然，对顽固的爱迪生来说，这只不过是一场商业战争而已。虽然斯旺比爱迪生早8个月第一个发明了灯泡，但他未申请专利，因此，爱迪生和他打起了官司。

在这种情况下，通常金融实力将打赢正义，但是法庭认可斯旺对这种特殊发明的优先权。爱迪生不仅不能起诉斯旺，他还被迫成立了联合公司——爱迪生斯旺联合电灯公司——来实施该发明。这种痛苦的竞争在会议室和大学的公共休息室同样十分平常。科学家也一样会嫉妒他人的想法，并谨防与他人分享任何荣誉。

考虑到这种情况，人们很容易想象位于波斯顿的阿布纳·希莫尼（Abner Shimony）和他的博士生迈克·霍恩（Mike Horne）组成的研究小组的恼怒了。他们一直努力在写一篇描述一种试验贝尔理论结果的方法的论文，结果发现另一位科学家刚刚就完全相同的主题发表了谈话。同事建议希莫尼和霍恩最好的方法是装作他们从来没有听说过别人在做这个工作——他们两个谁也没有参加阐述这个试验的会议——继续做自己的事，无论如何都要发表自己的论文。如果他们采纳了这个建议，他们得到的肯定是一场关于优先权的激烈争吵。但是，相反，他们决定去拜访他们的对手。

在会上发表这方面谈话的是哥伦比亚大学的约翰·克劳泽（John Clause）。克劳泽是最早认识到贝尔这篇著名论文重要性的人物之一。当他还是加利福尼亚理工学院的研究生时，他甚至建议在实际中试验这种理论。对于这个建议，他的教授，伟大的理查德·费曼（Richard Feynman），显然只是将他赶出办公室。费曼有着令人惊异的洞察力，但即使是他，也有看走眼的时候。

对希莫尼和霍恩来说，拜访克劳泽的想法并不是没有风险——其他许多科学家可能都会这样说："虽然这事很麻烦，但是，是我先公开的。"克劳泽虽然很高兴与其他人合作，但是当希莫尼把哈佛的一位研究生理查德·霍尔特（Richard Holt）拉过来时，他对此表示怀疑。霍尔特是一位实验家，他可以将理论家的想法付诸行动。这个四人联合小组将向前迈出具有重大意义的两步。他们清除了贝尔原论文中毫无根据的假设，将实验工具从电子换成了更容易处理的光子。

虽然光子确实会自旋，但最容易的研究方向属性是与自旋有关的现象，称为偏振。这是人们通过"宝丽来"太阳镜熟悉的概念。滤光镜，如这些眼镜的透镜一样，只能让在某个特定方向偏振的光通过。这个具有双重用处。偏振滤光镜不仅减少了通过的光量（因为随机产生的光在每个可能的方向发生偏振，因此，相当数量的光被阻隔），而且路面反射的光也倾向于在某些方向比其他方向更易偏振。因此，通过戴上"宝丽来"太阳镜筛除这类光子，减少了对司机的反射。

人们想象光像波一样运动，就像波动沿绳子下移，这是人们通常想象的偏振的视觉形象。将一根绳子的一端系在一个铃铛上，握住另一端。你可以上下移动绳子，沿绳子发送垂直波动，左右移动绳子，产生水平波动，或在之间的任何方向摇动。如果将这些波动换成光线，光的波动垂直于光的运动方向时的方向即是它的偏振。这显然是另一种“怪物和洋葱之类”的东西——甚至当将光想象成波时，光也不是简单的波，而是相互作用的电磁波，彼此垂直——而且，当将光视为光子时，偏振是什么反倒没那么明显。但事实是，偏振是光子的一种属性，具有与它相关的已知方向，并与运动方向垂直。

当一束光子以一定角度通过一个偏振器时，得到了一个图形，刚好展示了量子世界是多么奇特。比如，我们就从这里开始：在垂直方向和水平方向的中间放一台偏振器，与水平面成45度角放置（我们将之称为“45度偏振器”），发射一束处于自然的、随机偏振状态的光子。然后，将这束光照到一个垂直偏振器上。接下来会发生什么呢？

如果光是普通的波，我们可以想象在通过第一个偏振器后，光束仅含与水平面成45度角偏振的光子——而不是水平或垂直方向的光子。但是，当光子照到垂直偏振器上时，有些光子被通过，有些光子被吸收而停止不动。从统计学上来说，我们可以说通过45度偏振器的一半光子将通过垂直偏振器，但不可能说是哪些光子通过了45度偏振器。通过45度偏振器后，并不是一半光子垂直偏振，一半光子水平偏振。它们全都处于水平和垂直的“叠加”状态，当它们照到垂直偏振器上时，有50：50的机会垂直偏振或水平偏振。

如果你想象偏振器是一条狭缝，一种像硬币的光子必须通过这条狭缝，这一点将显而易见。量子论称光子处于“两种”状态（水平和垂直偏振），当它照到偏振器上时，它立即以相等的概率选择其中的一种状态。只有在这个时候，一半的光子通过（现在垂直偏振），一半的光子未通过。事先没有任何办法知道某个特定的粒子是通过或不通过。

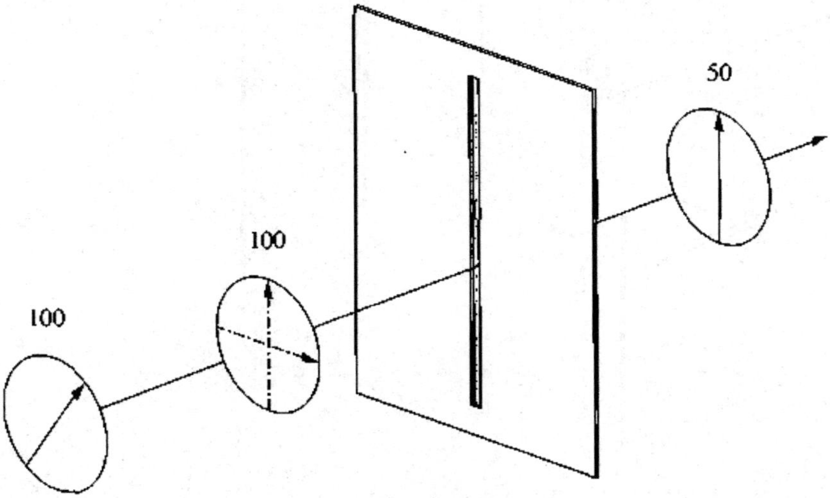

图3.1　以45度角偏振的光子水平偏振和垂直偏振的概率是50%

例如，如果我们发送100个光子成45度角通过，这相当于当光子照到偏振器上时，100个光子有50∶50的机会水平偏振或垂直偏振，因此，平均将出现50个水平偏振的光子。

强调这一点是非常重要的，因为它是如此重要（而且也如此奇怪）。虽然，首先想到的是，似乎所有此处发生的光子一半总是水平偏振，一半总是垂直偏振（因此，成45度角偏振的光子是两者的混合），采用“宝丽来”太阳镜的三个透镜做一个简单的实验，可以证明情况并非如此。

如果我们首先将光发射通过一个偏振器，然后通过另一个与其成90度角的偏振器，则没有任何光子通过。在上述实例中，100%的光子被第一个偏振器水平偏振，因此，没有任何光子通过第二个垂直偏振器。

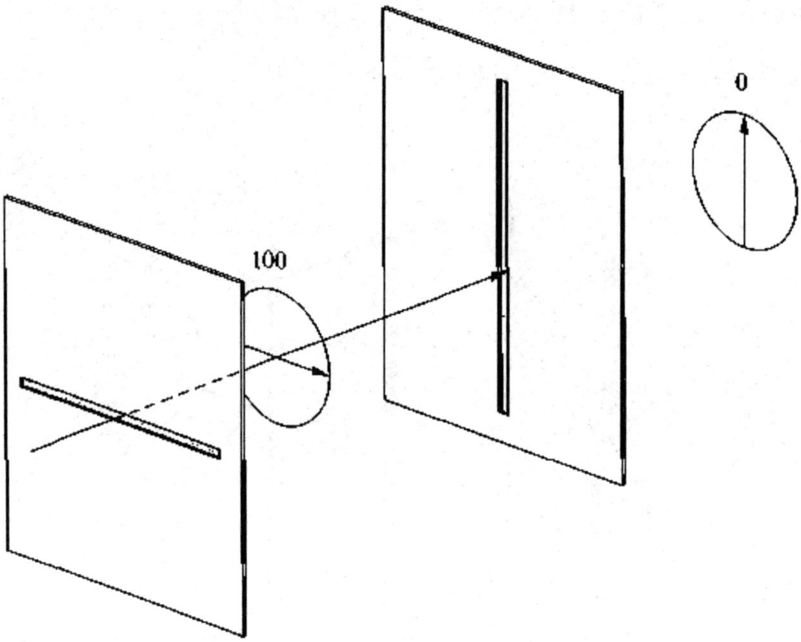

图3.2 相对放置的两台偏振器阻断了所有的光子

采用两个偏振器，另一侧没有光子出来。但是采用第三个偏振器，将它转45度角，并把它放在中间，非常奇怪的事情发生了。再一次，你可以通过“宝丽来”太阳镜看到东西了（尽管相当模糊的话），光子又通过了。如果对角偏振器让垂直偏振和水平偏振的混合光子通过，那么，在通过这个偏振器后，一开始水平偏振的所有光子应该仍然是水平偏振的。相反，中间的偏振器立即产生了两种状态的光子，测量时水平和垂直光子的概率是50∶50，因此，某些光子仍然能够通过最后的垂直偏振器。这种奇怪的结果强调了在量子物理中，概率是真实存在的。由于进行测量，通过对角偏振器的光子以50%的概率同时发生水平偏振和垂直偏振。

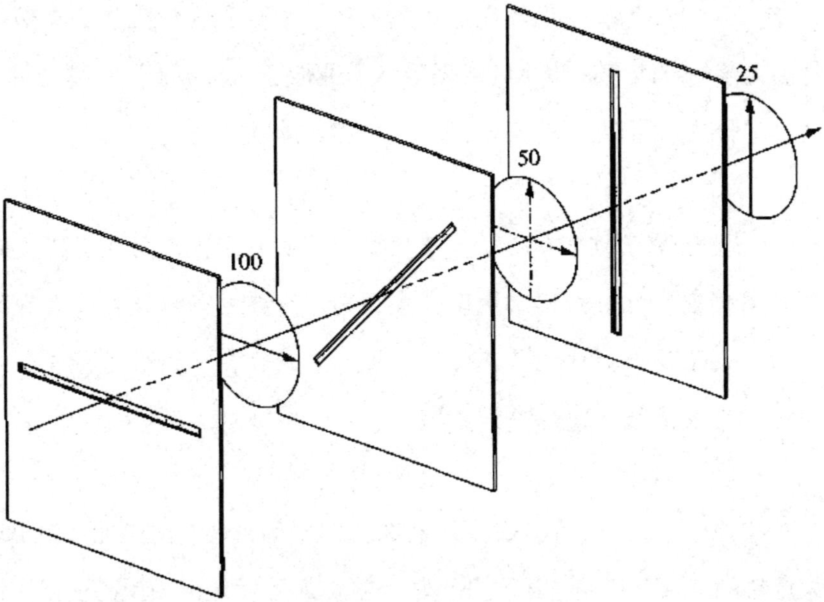

图3.3　三向偏振器

希莫尼（Shimony）和克劳泽（Clauser）的研究小组一旦决定采用光子而不是电子进行实验，他们仍然必须得到稳定的、可控的、处于特殊纠缠状态的光子供应。他们的实验采用在骨头、石灰石、粉笔中提供硬度的元素钙作为光源。在烘箱中将钙加热，产生一系列充满能量的钙气体。当钙气体流出烘箱时，采用强大的紫外光束照射钙气体。某些光中的能量被钙原子中的电子吸收，在能量上推动它们向上（这种小变化是另一个我们已经遇到的被大量滥用的表达实例，“量子跃迁”）。

短时间之后，带有多余能量的电子（以颇带情感的术语“激发电子”描述）回到其正常状态。在此过程中，大多数电子会发出单个光子，其能量与原来激发它们的光子对应，但是有几个——大约百万分之一——发出两个光子，一个绿色光子和一个紫色光子。这些光子对产生时就是自然纠缠的，当测定时将发生被连接在一起的偏振（按物理学家的说法就是“相关”）——通过纠缠连接。

接下来的几年里，已经在加利福尼亚—伯克利大学工作的克劳泽和留在哈佛大学的理查德·霍尔特，采用光子进行了几次实验。约翰·贝尔对他的理论实验被开展似乎很高兴。他写信给克劳泽说：

> 鉴于量子力学获得了普遍的成功，对我来说，对此类实验的结果很难有什么疑问。然而，我更喜欢重要的概念被直接进行实验，而不是开展和记录实验。而且，总是存在一线机会，得出的结果出人预料，震撼整个世界!

如果在信中，贝尔似乎采用一种带点渴望的语调，清楚地希望出现某种出人意料的结果，但是，结果并不让人吃惊。不管任何相反的证据，他总是希望证明爱因斯坦在量子论的不完整性方面是正确的。贝尔在与杰勒密·伯恩斯坦（Jeremy Bernstein）的一次会晤中清楚地表明了这一点：

> 对我来说，非常合理的是假设那些实验室中的光子携带程序，这些程序事先关联，告诉那些光子该如何表现。当爱因斯坦看到这一点，而其他人拒绝看到时，我认为这是如此的理性，他是一个理性的人。其他人，虽然历史已经证明他们是合理的，但他们已经湮没在凡尘中了。很遗憾，爱因斯坦的想法行不通。合理的事情只能是行不通。

不幸的是，实验的结论并不像他认为的那样，整个事情最后定夺下来，排除合理的怀疑，将是十年以后在另一个不同的大陆上了。

这一点值得强调，因为这与电影不一样，这是科学通常遇到的真实方式。简单化的好莱坞科学电影需要决定性的突破，最后证明观点（在经历挣扎、失败及充满希望、浪漫火热的爱情之后）。但是，在现实生活中，通常结果的积累是一个漫长艰辛的过程，充满着矛盾的发现。至少，不同实验室根据贝尔的论文开展的实验，其早期结果并不支持量子论。这并不意味着量子论是错误的，只是，早期实验采用的技术有限。实验中的可能误差太大，无法绝对确定结果。

如果我们重新回顾一下那个抛硬币试验，采用有限的结果会怎样导致这种误差就变得更明显了。通常，你预计正面结果将出现50%。如果你抛一枚硬币两次，两次都是正面，结果并不支持50：50的理论——也许，你用这枚硬币抛，每次都是正面——但是，两次抛硬币的可能误差量非常高。抛两次不能证明任何事情。如果抛硬币200次，每次都是正面，这是一种极不寻常的局面。这时，50：50的假设极度不可能。出现这种结果的概率是，我们抛的一定是双面都是正面的硬币。

同样，在量子实验中，一次矛盾的结果是非常小的样本了，无法反驳量子论，尤其应该记住的是，这些实验已经非常接近他们设备的测量极限了。当在准确度极限附近工作时，科学家应该做的是（并且确实做的是）不忽略出人意料的结果，但应确信实验重复次数足够多，奇怪的结果被当做误差显示。

当约翰·沃勒（John Waller）（健康和社会研究中心和墨尔本大学历史和科学哲学系医学和生物学历史的演讲者，是科学界中职务头衔最长的竞争者）在他的书《冒险行动》（*Leaps in the Dark*）中指出，当你从事的是科学前沿工作时，简直是太容易发生实验误导了。沃勒评论道："此处的问题是新实验方案的误差非常高，得到许多与本质无关的欺骗性结果，与误差有关的是实验装置。"

沃勒继续描述艾萨克·牛顿证明白光是由彩虹的彩色光混合的著名实验，这个牛顿称为"experimentum crucis（重要实验）"的实验，实际上没能支持牛顿的想法。它的确有时会得到预期的结果，但许多次尝试重现实验并不能得到同样的效果。原因是实验依赖于使用高质量的玻璃棱镜来分割和重合光线——这种技术在牛顿的时代还很难运用。牛顿承认自己在尔布里奇集市上买了第一块棱镜。尔布里奇位于切斯特顿和芬迪顿村之间的卡姆河边，集市是一年一度的盛事。当时，棱镜是玩具和饰物，而不是精密的科学仪器，采用这些棱镜得到的实验结果变化多端，无法预测。

在首次试验贝尔的理论时，出现了完全相同的情况。早期的实验人员做实验时，非常接近设备的极限，结果变化不定。但是，典型的情况是，这种不确定性渐渐减少。在牛顿第一次让一束太阳光通过他窗户遮光帘的一个洞五十年后，市场上已经可以提供更好的光学棱镜了，证明了——牛顿的预测结果——完全正确。在纠缠的这个例子中，仅仅只过了几年，一位在地下室工作的年轻法国科学家，就将实验精确度推进到超出合理怀疑的极限。

当艾伦·阿斯派克特从非洲回到家里时，他在巴黎大学光学研究中心的地下实验室开始工作。他意识到前人的实验没有得出结论的本质原因，决定尽可能将误差降至最低，避免任何可能的曲解。要想做好，最基本的就是真正了解设备——为此，阿斯派克特自己制造设备，而不是依赖于技术人员。人们通常依赖技术人员制造基本的构件。

与克劳泽、希莫尼及其同事一样，阿斯派克特需要获得纠缠的光子。他的光子也是采用钙原子产生的，但是，这一次，原子被两束激光照射。正是现代激光技术的使用（对阿斯派克特来说，当时激光仍然是崭新的事物），才得到了比前面实验明确得多的结果。尽管如此，实验装备仍然不是很理想。正如艾伦·阿斯派克特后来评论说：

> 理想的光子源是一个钙原子：我们以特别的方式激发这个

钙原子，然后观察光——一对光子——当钙原子放出能量时射出的光子，然后回到其正常的未激发状态。事实上，并没有这样简单，因为我们不能如此准确地捕获和控制单个钙原子。相反，我们得到的是一束原子束——在真空室中运动的原子集合。

由于激光器的功率可控，产生了更多纠缠的光子，阿斯派克特能够得到比他的前人更清楚的结果。此外，他对实验进行了一些改变，从字面上说，设法进一步增加了缠绕。对难以捉摸的量子纠缠行为下结论的难点在于，总是怀疑结果可能产生误导。也许，例如，存在某种方式，测量光子偏振的检测器通过这种方式密谋将结果固定。还存在很小但真实存在的可能性：实验装置必不可少的检测器，通过某种人们不了解的机制，采用（比如）实验线路，而不是用纠缠的不可思议的连接来分享信息。

凭借一点天才的火花，阿斯派克特根据多年前戴维·玻姆（David Bohm）的建议发明了一种设备。他的想法是当光子仍然处于飞行中时，改变检测器的方向，让检测器不可能密谋。记住，实验的重点是将不同角度设定的检测器结果彼此进行比较。如果每个检测器知道另一个检测器的设定角度，它就可以，通过某种人们不知道的途径，产生近似关联的结果。（当然，从字面上来讲，它无法知道设定，但一个检测器在某种程度上受到另一台检测器方向的影响。）

阿斯派克特设法让他的检测器每秒钟变换方向数百万次。即使在光子从钙源运动到两个检测器的这段非常短的时间内，检测器的方向也已经变化，因此，没有任何机会串通一气。这并不是无关紧要的任务。采用他当时能够利用的技术，实际上不可能以这种速度机械地移动检测器，但是，阿斯派克特知道水的某种令人惊奇的性质能够为他所用。当挤压水时，水的折光指数发生变化。

透明物质的折光指数让你可能很高兴，因为它是你不再需要烦恼的高中科学的内容——但是，它为实验物理学家提供了有价值的源泉。折光指数描述了当光进入物质或从物质中出来时材料弯曲光束的方式。折射是棱镜产生彩色光谱的效应（因为不同的颜色弯曲量不同）。将一枚硬币藏在杯底看不见的地方，在杯中注入水。当来自硬币的光线弯曲，硬币映入眼帘，可以看到硬币，这也是折射的效应。折光指数衡量弯曲效应的强度。

对任何特定的折光指数来说，存在一个角度（临界角），在这个角度发生全内反射。如果一束光以相对垂直位置的该角度或更大角度照到物质的边沿，光线无法通过，反射回到物质中。

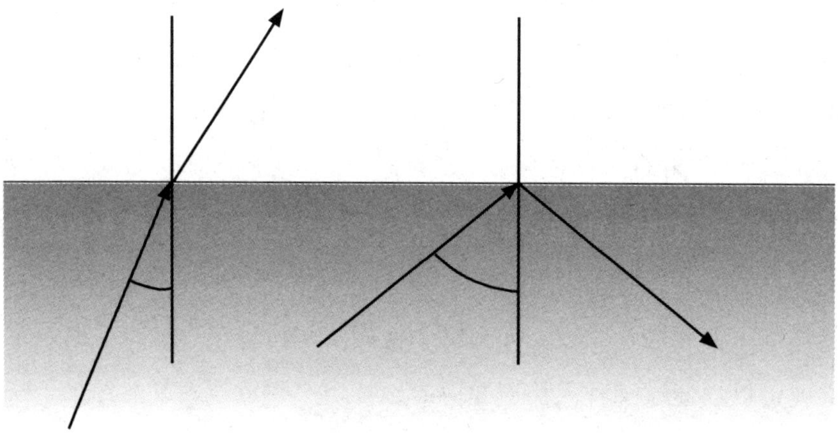

图3.4　光线通过水到空气中时的折射和全内反射

以光从水中穿出进入空气中为例。如果光以接近垂直的角度照到水面，它将继续前行，弯曲偏离垂直方向。但是，如果光以大于临界角的角度（相对垂直位置）照到水面——在从水中照到空气的情况下，48.6度——它将折射回来。

阿斯派克特知道的是，当水受压时，水的折光指数将稍为增大，这是使折射如此有价值的原因。如果光子以接近临界角的角度通过水，并通过快速挤压和放松容器的方式建立压力波，与通过扬声器纸盒前后快速移动建立声波的方式相同，在循环的“受挤”期间，临界角将发生变化，刚好足够反射光子，而不是让它们通过。在阿斯派克特的实验中，这种情况每秒发生2 500万次。一对称为变频器的装置，当电流通过它们时，快速改变形状，重复挤压和放开盛水容器，建立这种变化。

水就像道岔一样表现，将光线的方向从一个方向改变到另一个方向。当水未处于压力状态时，光子恰好照到水/空气交界处，它笔直通过，并照到第一个偏振器上。如果水处于压力之下，当光子照到水/空气交界处时，光线通过水被反射回来，进入第二个偏振器。第二个偏振器设定的角度与第一个偏振器不同。偏振的方向每秒钟变换2 500万次。从技术上来说，这并不是一种随机变化，因为变化是规则的，但是在随机光子释放的时间和偏振器变化的时间之间并没有任何联系。而且那些变化非常快，两端的仪器之间不可能传递任何“密谋”信息。两端仪器彼此相隔接近50英尺。

阿斯派克特的实验表明，排除合理的怀疑，贝尔的理论成功地确认了量子论。这个实验得到的结果与理论预测相符，证明了爱因斯坦的想法，即定域现实性总是得到保持是错误的。爱因斯坦认为不可思议的超距作用现象是真实的，而不是假想实验无法接受的结果。

即使阿斯派克特的实验获得了成功，有几个顽固分子认为纠缠的瞬时连接仍没有得到证明。有人认为，这有点像狭义相对论发生的同时分裂（见第五章）。他们认为，当从实验的一端看时，这种变化似乎只是瞬时的。从另一端来看的话，只有在信息检查单元以光速移动了实验长度之后，贝尔不等式才揭露出来。但是大多数人把这种争论仅仅看做是拼命抓住最后一根稻草——阿斯派克特的实验及随后的许多实验都证明产生了这种瞬时反应。

有人问阿斯派克特，如果爱因斯坦还活着，他将如何看待他的实验结果。他的回答具有典型的法国魅力：

> 哦，当然，我无法回答这个问题，但是，我敢肯定，关于这个结果，爱因斯坦当然有非常聪明的话要说。

量子纠缠从约翰·贝尔的理论论文到明确的实验证明经历了如此漫长的时间，原因有两个：第一个原因是在20世纪60年代末和70年代初，人们对研究量子论缺乏热情；另一个原因是那些恼人的、难以捉摸的光子。

虽然激光可以更加可靠地获得纠缠的光子，但仍然难以得到纠缠的量子对。更糟的是，光子飞出钙原子的方向并不总是相同的。确定比较的两个光子确实是纠缠的光子对，而不是随意、没有联系的光子碰巧配上了对，这是错综复杂的事情。

随着人们重新对整个纠缠概念感兴趣，主要工作是设计一种这些奇怪的、互相联系的成对光粒更可靠的来源。答案来自一种奇特的性质，一种名称让脑袋发懵的现象——自发性参量下转换。这是一个依赖晶体行为的过程。

科学家对晶体的热情就像对新时代一样高，虽然是出于完全不同的原因。科学并不赋予晶体不可思议的力量和神秘的能量，但是天然晶体在理解某些自然基本现象中起到了非常重要的作用。

X射线被晶体弯曲的方式对理解材料的组成是必需的——而且导致了各种发现，如DNA的结构——而光在一种被称为冰洲石的晶体中非常奇特的行为是三百年前发现偏振的灵感之源。

一片典型的冰洲石，是矿物方解石的一种形式，看起来像是制作粗糙的不规则玻璃块，但是，当光线通过这种晶体时，光线被分成两半。将一块冰洲石放到这本书的一页上，你将看到下面有两份复制的文字，看起来神秘地漂浮在晶体中。当伊拉斯谟·巴塞林（Erasmus Bartholin），一位热心的斯堪的纳维亚实验者，于1669年以活泼的标题《实验水晶岛发现》（*Experimentia Crystalli Islandici Disdiaclastici*）第一次描述了这种效应时，他相信他已经发现了光线的某种新的、基本的东西。巴塞林认为，存在不止一种光，而是两种光，两者外表虽然相同，但特性不同。

我们现在知道他是错误的，虽然他的发现仍然非常重要。晶体将光劈成两种偏振。它是一种天然偏振片材料，但是，它并不排斥某些偏振，而是根据其偏振，横向改变光，产生了第二个图像。这种特性虽然很奇怪，但是，与更实际的、日常实验室壮举一样的得到纠缠光子的影响相比，它就相形见绌了。

将一束激光束照射通过另一种类型的晶体，主光束变得被闪耀的彩色晕环包围。这有点像某种出自电影《夺宝奇兵》的东西。当光线通过它们时，这些特殊的晶体（硼酸钡和碘酸锂是最著名的两个实例）发生了非常奇怪的现象。

为了理解到底发生了什么，我们需要先绕到不可能的QED世界——量子电动力学中去看看。量子动力学是人们最常与美国杰出的物理学家理查德·费曼联系在一起的科学——它描述了光和物质如何相互作用，就这点而论，它是所有科学中最重要的过程。QED告诉我们，我们大多数人脑海中对光与物质的原子的相互作用的图像无疑是过于简单了。

看着镜子。当你看着自己在镜子里的图像时，光线已经从某处光源（太阳、灯泡、随便是什么）照到你的脸上，然后朝镜子移动，与光亮的镜面相碰。根据我们在学校里学到的科学知识，光从镜子弹射，回到你的脸上，最后聚焦在眼睛的视网膜上，在这里，产生了你的大脑可以诠释的图像。

再看一看到底发生了什么，但是，是从光子方面来思考，想象光作为一束小能量粒子，猛烈碰撞镜子。我们中学里学到的科学知识告诉我们，不起眼的光粒从镜子弹回，就像撞球从垫子上弹回一样。只是，真正发生的情况并非如此，当你将自己想象成我们正在讨论的小粒子，某种东西就变得显而易见了。

过来一个光的光子。它是令人难以置信的小和脆弱，你无法感觉到它，或将它称重或摸到它。它离镜子越来越近。（简单点说，让我们想象这是一个没有玻璃的镜子，只是一块抛光的金属面。）镜子本身，当然，是由原子组成的。这些原子中的每一个由巨大的开阔空间及几个广泛分布的部分组成。在接近原子中心的某处是较重的部分——原子核。与原子所占有的空间相比，原子核是如此之小，以致在原子物理学的早期，人们常常把原子核比做大教堂中心某处隐藏的一只苍蝇。（发现了基本的原子结构的欧内斯特·卢瑟福喜欢将原子核描述为伦敦阿尔伯特音乐厅中的一只蚊子。）原子中有多少空地方啊！

在空间外面的某处是比原子核还要小很多的电子。我们知道它们在运动，但是无法准确地知道它们怎样运动或在哪里运动。最好是将它们想象为扩散开的运动迷雾，所有运动者（电子）以卡通片里的速度，而不是以星球麻木地绕太阳运转这个陈旧想法的速度形成模糊一片。

因此，我们的光子做了什么呢？当它照到镜子上时，它以跟撞球一样的方式究竟想要弹回做什么呢?是原子核吗?如果情况正是如此的话，光子的绝大多数将笔直通过。每种材料将是透明的，只有少数光弹回。因此，如果不是因为原子核，光子会弹回那种模糊的电子云吗?好吧，也许可能，但是，为什么像光子这样虚幻的东西其行为与撞球一样呢?

实际上，光压根就没有从镜子弹回。实际发生的情况要有趣得多。光是电磁能。当它的电场接近一个电子时，它们开始发生相互作用。电子吸收光的光子，将它吃掉，在这个过程中电子的能量增加。它发生量子跃迁。但处于较高能态的电子常常不稳定。很快，它就放出新的光子。这个光子从镜子表面朝你的眼睛射回来。“反射”的光子实际上与前面射过来的光子是完全不同的两个光子。

同样，当光通过透明物质时，所有光子并没有直射通过它。相反，它们被吸收，然后被重新发射。（如果所有光子确实直接通过，而不发生相互作用，则透明材料和真空材料的光学行为将不会有什么区别。）所有透明材料都发生这种情况，但是，在特殊的晶体，如硼酸钡中，发生了一种特殊的现象。

当具有足够强度的激光照到这种晶体上，某些被吸收的光子重新发射时不再是一个光子，而是变成了两个光子。光子中的能量取决于它的频率——光就像乐音的音高一样。频率越高，能量越高，从低频光子，如无线电，到微波、红外、红色到紫色的可见光，直到紫外线、X射线和其他。当两个光子产生时，这两个新的光子的总频率之和等于原光子的频率，所以能量丧失了。这种“下-转换”的“下”指的是这一事实：对任何给定光子来说，与原光子相比，频率下降了。就像激光激发的钙发出的光子对一样，此处产生的光子是纠缠的，但采用这种技术有三点非常大的优势。

首先，虽然光子对仍然是明显的少数，但与钙产生的纠缠光子相比，这种过程产生的光子要多得多。其次，它是一种更稳定的物理环境。不需要再研究棘手的热钙原子束，研究人员有了一个好的、固态的、良好表现的晶体来进行研究。最后，最重要的是，这样还有额外的好处。不仅这两个光子纠缠，而且更能够预测它们从晶体出现的方向。如果一个纠缠的光子从方向A射出去，另一个光子将总是从方向B射出——这样，要确定哪些光子是纠缠的光子容易得多，而这一点对钙方法来说总是存在问题。

通过下-转换得出的更可靠的结果，甚至更确定地证明了阿斯派克特的实验得到了正确的结果，似乎根本没有必要进一步研究贝尔的理论了。然而，采用不等式证明的方式总让人有那么一点点不舒服。迄今为止，所有的实验都测量了一组数值，如果它们从统计学上来看超出约翰·贝尔的计算确定的范围，那么，贝尔的理论和量子论被认为是正确的，而定域现实性被驳回。

如果可能以更肯定的方式证明结果，而不是通过许多读数的平均值证明某些事情没有发生，则结果将让人感觉更具有结论性，——这将是第二个三个人姓名首写字母简称的成果。对那些研究量子纠缠的人来说，这三个字母简称非常熟悉。对EPR来说，最明确的答案可能是由GHZ提供的。

GHZ实验（一会儿，我们就将回到为什么是GHZ）纠缠的不止两个光子，而是三个光子。乍看起来，这似乎有点像非常尴尬的情况“你能做的任何事情，我都可以做得更好”。而且为什么在三个光子就停止了呢？肯定存在非常危险的鼓励，使人们不断扩大，去纠缠越来越多的粒子，却并不需增加什么知识。然而，碰巧三个光子的实验（20世纪80年代中期理论上提出，最后在1999年开展）比它前面的实验具有一个巨大的优势。

在阿斯派克特的实验中，以及在那个时期所有其他人的实验中，将许多许多光子对得出的部分相关统计结果相加，当这些结果的平均值偏离某一极限时——证明了贝尔的理论，——而新的三个光子实验具有绝对的结果。每次测量要么支持或者要么反对贝尔的结果。实验的结果没有令人不舒服的统计学感觉。

这种三粒子方法是迈克·霍姆（Mike Horne）与美国物理学家丹尼·格林伯格（Danny Greenberger）和奥地利量子专家安东·塞林格（Anton Zeilinger）一起研究的成果。迈克·霍姆曾经是帮助希莫尼（Shimony）、霍尔特（Holt）和克劳泽（Clause）的实验人员。［当这篇论文撰写的时候，阿布纳·希莫尼（Abner Shimony）也是当时主要的EPR专家之一，但是，人们仍然坚持采用首写字母GHZ。］这个实验产生了两对纠缠的光子，当四个光子中的一个光子被捕获后，它们随后连接到一起，成为三个一组。

得到这个结果的数学推导公式非常麻烦，真的没必要弄懂发生了什么。重要的结果是贝尔的理论可以通过肯定的、实际的测量，而不是间接的暗示得到证明。而且，当这个实验最终在1999年由安东·塞林格和他的研究小组开展时，得到了肯定的结果。量子论得到了证明，而爱因斯坦和同事在他们的EPR论文中努力想保护的定域现实性最后被确定为是不可能的。

到目前为止，除作为荒谬理论之外，也许可能推迟面对纠缠的真实存在，但是，目前的实验证据压倒一切。然后，这是一个很好的地方去探索一个人们关心的问题，一个许多人听说纠缠时感觉到的问题。最近在致《新科学家》杂志的一封信中，作者想知道有什么大惊小怪的。当粒子纠缠时，他认为，它们的状态（自旋、偏振或任何东西）是已知的，因此，毫无疑问它们具有连接的数值，因为它们自纠缠开始就具有这些数值。约翰·贝尔本人以博士伯特曼（Bertlmann）的短袜这个奇怪的例子轻快地阐明了这种观点。

贝尔不那么出名的一件事情是在《物理学》（*Journal de Physique*）杂志上发表了一篇题为《伯特曼的短袜和现实性的本质》的文章，无疑，这是所有科学中最奇怪的标题之一。（莱因霍尔德·伯特曼是另一位与贝尔密切合作的科学家。）文章中的博士伯特曼在穿衣方面品位独特。他随意选择袜子的颜色，但穿的两只袜子总是不同的颜色。他从来不穿配对的一双袜子。因为如此，当我们看到伯特曼博士出现在一幢大楼角落附近时，瞥一眼他的左脚，看到一只粉色短袜（正如贝尔挖苦地评论道：人各有所好，这是无法解释的），我们可以确定他的另一只袜子肯定不是粉色的，即使我们从来都没有看到过。

虽然这看起来似乎不可能，但这并非约翰·贝尔解释时用一想象的实例来娱乐一下。（贝尔似乎正好想到大多数科学论文都是毫无必要的枯燥乏味，他的论文比大多数论文明显更引人入胜。）实际上，莱因霍尔德·伯特曼确实总是穿奇怪的袜子。据后来成了伯特曼同事的安东·塞林格称，伯特曼在他十几岁时就开始这样做了——“作为对当局的抗议”——自那以后，他就一直这样做了。

为了引申这个类比，使它甚至更接近对量子纠缠的主张，贝尔饶有兴趣地描述：就在伯特曼穿袜子的时候，他遭遇了一件可怕的事情，其中他的右脚被分开了，然后，他跳进了一艘宇宙飞船，到了远离地球的宇宙对面，当我们看到一只脚的伯特曼穿着粉色袜子时，我们马上知道另一只袜子不是粉色的，虽然巨大的距离将我们隔开了，即使告诉我们另一袜子是什么颜色的信息将花数百万年才能到达我们身边。不可思议。或者相反，没有什么不可思议——因此，有什么大不了的呢？

事实上，伯特曼的袜子（或致信给《新科学家》的作者眼中看到的世界）和量子纠缠中实际发生的事情有一个根本的区别。对袜子来说，当伯特曼穿上袜子时，它们的颜色就已经固定了。决定已经做了。信息（第二只不同颜色的袜子——比如说，绿色）在那一点已经插入到系统中。然而，如果我们研究量子袜子，观察的状态（自旋、偏振或任何东西）在纠缠发生时并没有固定。

请记住采用三个偏振滤光镜做的实验。如果通过对角滤光镜的光子刚好保持它们固定的水平偏振，这不会行得通。

如果伯特曼的袜子是量子粒子，两只袜子都将具有所有可能的颜色，直到我们看到其中的一只。在那一瞬间，袜子，只不过由于随意的选择，而选中了粉色，只有在这个时候，另一只袜子才固定它的颜色是别的颜色。

贝尔的理论推导出的实验证明不存在定域“隐变量”。在纠缠建立的那点，没有任何隐藏的自旋或偏振值在粒子分开后准备好被观察。如果看起来似乎我过分强调了这一点，这是因为还有很多人仍然后退到伯特曼的袜子的位置——但事情并非真正如此。贝尔的理论实验在预设值和观察时随意赋予的值之间进行区分——而且是预设值必须舍弃，这是许多卷入其中的人极不乐意看到的。

纠缠不可思议的行为在其自身是令人着迷的，正如在下一章中将会非常明显，它具有传递别的方式不可能的通信、计算和物质传输的壮举的潜力。如果纠缠在现实世界中要有任何用途的话，只能在实验室中制造纠缠的粒子是远远不够的。必须将这些粒子发送穿过相当的距离，或将它们贮存合理的时间，同时让它们保持纠缠。你满可以说纠缠的光子分开到宇宙相反的两侧，测量一个光子的偏振，立即就暗示了另一个光子的偏振——但是，如果你不将一个光子发送几码远，而且纠缠未瓦解，那并没有多少用处。

当薛定谔第一次想象纠缠时，他假设，只有在光的运动时间小于系统中任何明显的过程时，才可能跨越距离（因此，他相信，纠缠永远无法付诸实际应用）。起初，甚至在活跃的实验者之间，也存在认为实验室规模是保持粒子纠缠的限制。但是，自21世纪以来，实验人员在越来越稳定的条件下维持纠缠的能力已经大大增加。

早期的成功来自于将纠缠的光发送到光纤中。光纤是一种通信网，为世界电话系统和因特网提供了基础构架。这种通过头发丝一样细的玻璃丝的远距离纠缠是有效的，不过是有限的。当光子与光纤壁相互作用时，光纤电缆中的所有信号丧失了强度。典型的商业电缆发出的信号，若没有采用称为中继器的特殊放大器使其恢复的话，其发送距离不超过40英里。迄今为止，发送最远的纠缠光子是大约100公里（62英里），但是，这种距离的损失是巨大的，更为实际的距离是20公里（12.5英里）。

根据世界通信标准，这似乎是不切实际的短距离范围——但是，早期电报的研究者们遇到了类似的问题。正如他们采用不同的方式重复信息，每隔几英里就沿线发送，而且像横贯全球的光纤使用放大中继器一样，奥地利因斯布鲁克大学的彼得·佐勒尔（Peter Zoller）和他的同事想到了一种技术来为量子建立中继器技术。

采用佐勒尔的想法，乔治亚（亚特兰大）理工学院亚历克斯·库兹米奇（Alex Kuzmich）和德米特里·马特苏克维奇（Dmitry Matsukevich）设法纠缠了两团铷原子云，冷却到接近绝对零度。在这种状态中，原子云以一个单独的实体作用。当它发出一个光子时，这个光子与整团云缠结。每团云的光子通过一台称为分束器的装置输送。这听起来像是某种科幻小说的高科技设备，但是，分束器很好的实例是半面镀银（或单向）镜，电视警察剧中流行使用它秘密地监视审讯。它是一种让部分光束通过而另一部分光束在不同方向折射的装置。

不要被明显的简单性所蒙蔽，虽然在量子水平，光束分裂是奇异的事情，由此，它纠缠光子的能力也是奇异的事情。为了更好地理解发生的事情，让我们想象一个非常简单的分束器，我们家里全都有的分束器——一扇普通的玻璃窗。晚上，在照明良好的房间中站在一扇窗前，并看着玻璃。你看到了什么？你自己。窗户变成了一面镜子。如果它只是一面普通的镜子，另一面不会出现什么。但是，如果你走出屋子，再看一眼那个窗户，反射的窗户，你将清楚地看到照明良好的房间。因此，相当部分的光——实际上大部分光——通过了窗户。你家中的窗户已经变成了一个分束器。（事实上，它总是——某些光总是反射回来——白天就没那么看得清楚。）

我们把这种部分反射看做习以为常、自然而然的事情，但是，一旦你开始想发生了什么，它可以是任何事情，但绝不是明显的事件。让我们想象光从房间作为一束光子照到玻璃的表面。那些光子中的某些光子将被反射回来。大多数不会。因此，某个特定的光子如何知道要做什么？这是通常的量子挑战——我们知道某些将要发生事情的概率，以及将要反射的光子的平均数量，但是，是什么让一个光子通过而另一个光子弹回，这是一件神秘的事情。

这同样是艾萨克·牛顿面对的问题。他相信，光是由微粒组成，但无法理解有些光照到窗户上弹回来而有些光不弹回来。最明显的看法是玻璃表面不规则。如果是这个原因的话，就好像表面的小点是镜子，而其他较大区域是透明的。因此，照到镜子上小点部分的微粒弹回来，而其他的光线通过。这听起来很有道理。但是，正如牛顿意识到的那样，这是错误的。

牛顿为了他的光学实验制作了相当多的透镜，他知道，采用非常非常细的材料打磨透镜的玻璃，会导致非常细小的划痕，从而使玻璃变得透明。非常细的划痕似乎并不影响透明性——然而，如果部分反射的原因是玻璃表面不规则的话，这些碰撞和洞必须非常小，它们是如此之小，以至于看不见，因此，玻璃应该不可能产生那些奇怪的形象。

采用现代量子观点，部分反射没有明显的原因。至于量子论的其他许多方面来说，我们只是必须接受过程的概率性质（即使，像爱因斯坦一样，我们的思维反对接受这种概率性质）。但是，这只是光束分裂窗奇怪之处的开始——因为通过一块玻璃的光照射的不是一个界面，而是两个界面。首先，当它离开房间时，它通过空气到达玻璃，然后，当它向外逸出时，它从玻璃运动到空气中。

第二次转变也会导致某些反射，这毫不奇怪——但是，事情没有这么简单。部分反射的数量取决于玻璃的厚度。你可能会想："那又怎样？"从你的窗户外反射的光的数量，取决于玻璃的厚度，应该没什么好惊奇的。但是实际上，玻璃两个表面反射的数量都取决于厚度。采用某种厚度，你可以将窗户内部的反射量实际上减少到没有。

稍稍想一下这个。你将一束光照到窗户内。通常，某些光子将反射回来。但是，如果玻璃厚度合适，它们将以某种方式知道其照到窗户内表面那一点的玻璃的厚度，它们将继续通过。确实非常奇怪。

一旦你认识到部分反射的过程是多么奇怪，分束器能够产生纠缠，就不完全让人吃惊了。采用的方法有一点复杂，但是一步一步来倒也不是非常痛苦。分束器发射一个光子，比如说，发射到左边或右边，从而开始这个过程。我们不进行任何测量，因此，这是一个量子过程，光子并不神秘地选择一种路径或另一种路径——它是两种状态的叠加，在它射出时一个光子向左边，一个光子向右边。

在这些潜在的每个光子的路径中，等待它们的是两团铷原子冷云中的一团。如果光子照在雾上，它可能被吸收，然后放出一个新的光子，以稍微不同但能量更大的方式离开这团云。这个重新放出的光子（不管它照到哪团云）运动到另一个特殊的分束器，称为偏振分束器。反射或透射取决于光子的偏振。在这一点，我们测量光子的状态，测量作用的结果是迫使两团云发生纠缠（光子的可能输出状态并不重要：任一种都意味着气体云将纠缠）。第二个分束器的输出与可能的输入叠加状态有关。每团铷原子云有一个相互作用的叠加——这意味着当我们进行测量时，它将云的混合状态拉到一起，将它们拉进纠缠。

迄今为止，这个实验进行到这个程度：两团云原则上可以分开的距离高达40公里（25英里），在原光子通过分束器的点开始，每20公里有一根光纤电缆。但是，想法是这种纠缠连接可以向外波动。每团云，然后可与40公里以外的另一团云纠缠，得到纠缠的云（这种纠缠云然后可用作纠缠光子源），两者隔开的距离如所期望的那样。“一个目标”，库兹米奇说，“是建立远距离量子连接，比如说，在华盛顿特区和纽约之间。”

2003年，纠缠还使光纤普及。如果在远距离通信、卫星技术的其他支柱中应用的话，光纤是必备的。维也纳大学的研究者们设法将纠缠的光子从多瑙河的一边发送到另一边。这不是任何轻松的实验室工作。初次实验必须在晚上进行，因为纠缠光子束在太阳的自然光子群中会消失。在冰冷的天气和呼啸的寒风中，研究小组在河边架起了小型纠缠光子发生器，并将其放在一个生锈的旧容器中。这些发生器将它们的光线发送通过一个聚焦望远镜，在水的对面由另一个望远镜接收。实验中采用的望远镜为手持式。（至于跨过多瑙河并没有什么特别意义，只不过让结果听起来更有新闻价值罢了。）

纠缠的光子跨过600米（2 000英尺）的河宽，接收时仍然可靠地纠缠在一起。第二步是试验甚至更远的距离。中国和奥地利颇有竞争性的项目已经尝试这样做了。首先公开的是位于合肥的中国科学技术大学潘建伟的小组。

2004年，他们设法将一束光通过两个连接点，一个是7.7公里（4.75英里），另一个是5.3公里（3.25英里）。他们的下一次实验预期是可与安东·塞林格竞争的表演。这个中国小组计划在中国最著名的景点长城上连接两个分开20公里（12.5英里）的站点。潘说："过去，当外敌入侵时，我们在长城上点火发出信号报警"，"现在，我们将对未来发出信号。"

同时，奥地利小组的最新室外实验涵盖了长度为7.2公里和8公里（近5英里）的两处路程（legs）。传输站位于坐落在维也纳的群山中的一座小型天文观测台的顶部，接收器放在这个城市的两幢摩天大楼里，以得到清楚的视野。继维也纳冰冷的寒夜安装精密设备的经历之后，他们决定至少将部分实验放到建筑物内，虽然这种舒服工作的尝试几乎毁了整个实验。

像许多现代镶有玻璃的建筑一样，VTT，实验中的两幢办公楼之一，安有可以减少红外传输的特殊窗户。这具有双重好处，既可以减少建筑的热损失，也可以防止建筑在太阳充足的日子变成温室。不幸的是，这种涂层完全阻断了纠缠的光子，没有光子通过。对研究小组来说幸运的是，这幢大楼开明的主人准备用传统的玻璃更换进行实验的办公室的窗户，使光可以向前传输，研究人员再也没有冻伤的风险了。在另一幢大楼——千禧大厦，提供了建筑物整个顶楼的一半让研究者来开展实验——对一个科学研究小组来说这是异乎寻常的奢侈。

这个实验及其中国同行的实验覆盖的距离不是随意的，而是因为出于非常重要的原因选择的。

实验证明，将一束光子通过约6公里（3.75英里）地面空气发送，提供向前推进的阻力与从地面传输一个信号到数千英里的通信卫星的阻力是一样的，而且卫星是远距离通信必需的，尤其是如果纠缠的光子被发送到较远的距离，而不采用纠缠中继器的话。

地面的距离和推进到太空的范围之间距离不一致的原因是，当从地球上向前推进时，大气层快速变得稀薄。甚至仅仅在8 000英尺（这大约是墨西哥的海拔高度，也是客机乘舱允许的最低压力相当的高度），与海平面相比，大约减少了20%使光子扩散和阻止传输的气体分子。当你到达6.8万英尺（约13英里），几乎没有任何空气。

即使卫星可能在太空2.2万英里上方运行，纠缠的光束只是要对付与地面运动约3.75英里相当的数量的空气。合肥和维也纳远距离实验的成功表明，可能使用卫星来提供纠缠光子，这是非常值得期待的前景，我们将在下一章中看到。

这些成就是在2004年取得的，虽然，实验室外工作的现实性意味着它比预期的更难。由于建筑物、汽车、人群产生的热，导致大气中的空气污染和波动，很难保持光束处于通信中。任何时候，奥地利小组只是设法使其中的一个连接继续。为了激活两条路程，他们必须引进自适应光学。想象在炎热的一天向下看一条长长的、笔直的道路。路面看起来像在闪光，变成液体——路面上方的空气像在跳舞和波动。

自适应光学用于消除此种翘曲、稳定图像和消除使光束在城市上方保持静态非常困难的复杂变形。

在强大的计算机没出现之前，这是不可能的。但自适应光学采用一系列计算机控制技术使图像清晰。在某些设备中，光首先弹回传统的镜子，能够快速引导变更倾斜角。这消除了振动。这个系统的关键部分是这样的：当光照到第二个灵活的镜子时，形状可以变化。在光线照到镜子前，一个传感器采取部分光样，并监测一组易辨认点的位置。——当这些点移动时，镜子发生变形，消除运动。通常，镜子一秒钟内形状可能变化几百次。“这真是太伟大了，”安东·塞林格用孩子一样的热情评论自适应光学技术的使用机遇时说，“当我们必须使用新玩具时，我们总是很喜欢它。”

对维也纳研究小组已经计划开展的第三阶段实验来说，自适应光学也是必需的。当潘建伟向中国的长城进发时，塞林格准备向太空进发。下一阶段将在特内里费岛使用专业望远镜。特内里费岛是西班牙加那利群岛中的一个岛屿，位于北非海岸。望远镜可充当发射装置，提高光链路到高高在上的卫星。

特内里费岛上的欧洲北部天文台是一处奇观。在绵延数英里的荒芜之地、火山景观之后，原始的岛屿上堆满了奇形怪状的黑色岩石，天文台的圆顶突然冒出，高高地矗立在海拔2 500米之上。这个白色、形状完美的建筑物看起来就像是建在另一个星球的未来前哨站。正是从这里开始，纠缠的光子将发射到卫星，然后返回，以试验通过太空来分布纠缠的通信通道这一概念。只有在轨道中有一个合适的接收器后，这个实验才能开展——塞林格希望到2010年可以发射接收器。

这所有的一切听起来像从严格控制的实验室环境完美、逐步走向现实世界，一步一步地取得越来越多的成就。但是，当研究人员将纠缠的实际应用扩展到越来越远的距离时，他们不得不面对另一个问题——将光子安全地送到合适的地方这个额外的困难。他们不得不处理一个特殊的，而且易使人误解为似乎不重要的挑战——确保他们知道哪个方向是向上。

这个似乎简单的问题是由澳大利亚昆士兰格里菲斯大学的物理学家霍华德·怀斯曼（Howard Wiseman）提出来的。与研究人员，如塞林格的热情相比，怀斯曼是一名清醒的悲观主义者，他指出，理论和现实之间必然存在尴尬的距离，他甚至使用侮辱性的词语“毛茸茸的小兔子”（好吧，比较温和的侮辱）来描述纠缠在理论上很伟大，但无法在实践中应用。

问题是什么呢？纠缠中使用的许多测量都涉及方向。例如，如果讨论自旋，我们需要知道测量时自旋的方向。同样，对光子的偏振来说，通信通道的两端需要交换他们测定光子偏振方向的细节。这在实验室中不存在问题，在实验室中，上和下都有着简单的、一致的含义，但是，当发射器和接收器分开越来越远时，上或下（或任何你喜欢的方向）的定义变得很模糊。

极端情况是，想象在北极的某人与在南极的某人建立了纠缠。“你认为‘上’是什么？”我们问北极的科学家。“当然是北方。”她回答说。“但那是‘下’。”她的南极同行说。当然，在这个简单的例子中，很容易准确地纠正什么是上和下，但在大多数情况下，位置更为复杂。

两个位置之间对上和下的看法越不确定，通信的错误就越多。如果一个地方相对另一个位置运动——比如，如果接收器处在一个平面中，则事情甚至变得更为复杂。幸运的是，对那些在现实世界中寻求纠缠应用的人来说，这并不想要证明太多问题，——他们只是需要对这个问题有所准备。实际上，这是一个相对的问题，答案使测量也是相对的。

相对测量不是在任何特别的方向进行测量，而是在两个或多个粒子之间测量，并不需要知道绝对方向。2004年3月，牛津和华沙的研究人员采用两组光子对用于测量，并设法获得了比依赖区分上和下的实验明显更好的结果。德国加兴的马克斯·普朗克研究院的另一个研究小组甚至更进一步，采用四组光子进行相对测量。他们发现，在将光子通过随机发生器后，甚至还可能利用它们，因为测量的相对方向仍然有意义，即使任何具体方向的概念现在已经完全失去。

发现的结果，意味着可以采用比曾经希望更多的量子粒子，将纠缠不可思议的连接效应从一个地方传输到另一个地方。但实际上仍然是可能的。有趣的是，纠缠本身设法为另一个纠缠用户的可能问题提供了一个方案——确保时钟在不同地方同步。

2004年，马里兰大学的亚历山德拉·瓦伦西亚（Alexandra Valencia）和她的小组采用纠缠的光子使时钟接近完全同步。

纠缠的光子对从中央源发射到每个方向远离1.5公里（0.9英里）的接收器［两个接收器隔开3公里（1.8英里）］。将显示纠缠的光子对的时间进行比较，两个时钟逐渐同步，这样，时间变得一致。此处，纠缠被用作一个标志，来确定哪个光子以完全相同的时间离开中央源。在实验中，时钟一致性的准确度达到微微秒——就是说精确到一秒的万亿分之一。

由于能可靠地传输纠缠光子，纠缠的应用不再限于实验室。在那广阔的世界，它们已准备实实在在地影响人们的日常生活。而且，纠缠的第一种商业应用可能是与保密有关。

Chapter 4

A Tangle of Secrets

第4章　秘密的纠缠

秘密是锋利的工具，

必须远离儿童和愚人。

——约翰·德莱顿（John Dryden），《马丁先生毁坏一切》（*Sir Martin Mar-All*）

纠缠在两个粒子之间提供了一种秘密的连接，一种高深莫测的连接。一旦实际的纠缠成为现实，它立即引起了那些开展保密工作、防止别人窥探的人们的注意，这一点也许没有什么好吃惊的。纠缠粒子本身的神秘莫测，激发了人们最初的兴趣。如果纠缠可以用于携带信息，对任何侦听，它都将完全难以渗透。显然，加利福尼亚州智囊团执行董事想到了这种可能性，他致信给美国国防研究和工程部副部长：

> 实际上，如果我们能够控制比光速还要快的非定域效应[纠缠]，完全可能制造无法窃听的、抗干扰的高比特率命令—控制—通信系统，用于潜艇舰队。重点在于：既然在这种假想系统中，没有普通的电磁信号连接编码器和解码器，敌人就没有什么可以窃听

或干扰的了。

这个智囊团的董事不知道纠缠的另一半——如果信息能够以纠缠的连接发送，随着时间的延长，它就可能将信息发送回来。这个令人难以置信的计划的衰落还要等到第五章，但是，纠缠对密码学有着更为实际的影响，到了2005年，纠缠已经第一次小规模地进入商业市场。

通信是文明的生命线。我们是能够交流的动物——这一点部分定义了人类的本质。然而，与迫切的交流要求相矛盾的是保密的要求。许多交流——比如说广播电视——本来就是向全世界传播的。我们并不在意谁听到——事实上，听到的人越多越好。其他许多对话是愉快地公开对话，不管是跨街的大声讨论还是通过邮件公开寄送的明信片。但是，我们有时候想要让我们的信息传达给合适的人，而且只传达给那个人。

当需要保密时，我们不想被别人听到。许多谈话都要求保密。有趣的是，电话作为一种社交工具，在能够进行直接拨号、不需要话务员之前，实际上并没有普及。知道总有别人听到，这使得早期电话的保密性较弱，从而降低了电话的价值。

当然，采用合适的技术，正常的电话通话仍然能够被偷听——这并不是关心日常的个人谣言，而是对那些涉及国家安全或高风险业务的真正威胁。（或者是间谍活动或大型犯罪。）在这种情况下，被偷听的结果可能意味着巨大的损失、刑事诉讼，甚至死亡或战争，而不是小小的社交尴尬。不管你是想要保护电子资金转账的银行，还是进行网上支付的网站，抑或是下达进攻命令的指挥官，防止信息被窃听的密码术都是必需的。

过去，间谍活动被称为“大博弈”，虽然这个词语最初是由吉普林（Kipling）在谈到英国和俄罗斯对印度控制的激烈竞争时提出的。但是，“大博弈”似乎甚至更适合用于编制密码的科学——密码学和密码破解学——破解秘密信息的过程之间持续进行的战争。

密码学总是在不断发展。密码编制人员发明了一种新的隐藏信息的方法，密码破解者就会找到一种破解的方法。但是到那时，密码编制人员又已经发明了新的战略——如此循环，不断进行下去。实际上，这是一种智力游戏。事实上，在第二次世界大战期间，当英国布莱切利公园密码破译中心招募有潜力的专家时，选拔的一个标准就是猜纵横字谜游戏的能力。布莱切利公园密码破译中心破解了非常复杂的德国恩尼格玛密码机。

信息存在时间有多长，人们尝试保密方法的时间就有多长。我们需要回顾一下时间的长河，去了解最初的密码术。最初记录的秘密通信的尝试似乎更依赖于将信息隐藏而不是让它无法读懂。古代希腊人是过去隐藏信息的高手。他们将写字板上的蜡刮落，将信息刻在蜡下面的木头上，更换蜡，然后将看起来明显是空白的板子送上路。另一种更极端的方法是剃掉信使的头发，将信息写在他的头皮上，然后等头发重新长好，将信隐藏。对非常紧急的通信这并不实际。

希腊人，或更准确地说是斯巴达人，也是第一个使用密码的人，他们甚至提供了精巧简单的、自动信息编码和解码工具。

将一条皮带在一根称为斯科特（scytale）的木棍上缠绕许多次。将皮带紧紧地缠绕，每圈挨着下一圈，这样，就得到了一个连续的表面。然后，沿木棍的长度成排地在皮带上写字（如果棍子有多个平整面而不是光滑柱面的话，写字更容易）。当皮带被打开时，它就携带了毫无意义的字符串，只有将那个皮带重新绕到相同尺寸的斯科特上，信息才重新有了意义。

古代也出现了真正的密码术，最著名的是尤利乌斯•凯撒（Julius Caesar）使用的密码术。凯撒是基础的代换密码的热心使用者。在儿童杂志中，代换密码仍然十分流行。这种代换密码总是固定不变地用另一个字母代替一个字母（例如，改变字母表中字母的固定顺序，或从相反的方向开始，这样Z代替A，Y代替B，依此类推），遵照非常简单的原则隐藏信息——如果是战场上的战士使用的话，非常理想。

所有这些古代保守信息秘密的机制都有一个重要的缺点。它们很容易被破解。只有在破解方法不知道的情况下，隐藏的信息才是隐秘的。毕竟，任何人都可以将一条皮带绕到一根棍子上。基本的代换密码术，如凯撒密码术，以一个10岁小孩的智力也可以将其破解。几个世纪以来，密码学家的密码库中增加了越来越多的复杂性。这样，密码的使用更难，但是，保护程度增加，防止被密码破译员破译。

起初，在代换密码，如凯撒密码中加入了其他字符来代替特殊的单词（常用单词如“the”和常用姓名）。采用其他额外的字符来代替重复的字母（例如，#，可代替TT），代表空格或没有任何意义，加入到信息中只是为了制造干扰。在这种情况下，不是单纯代替字母，而是整个单词或短语由单个单词或符号代替来产生密码。

基于密钥的加密术给密码编造带来了全新的复杂性。

密钥这个想法非常简单，但其作用仍然非常强大。基于密钥的密码编制系统克服了任何通过一个字母代替另一个字母的密码术的最大缺陷——通过密钥，隐藏信息中的一个字母并不总是代表公开信息中的相同字母。最简单的密钥形式是采用特殊的字母，并在信息字母中“加入”密钥单词的字母。例如，如果在将信息DADDY编成密码时采用密钥单词CAT，我将加入三（cat中的c在字母表中的位置）到我的首个字母D，这样，D就变成了G。我将加入A（=1）到DADDY中的A，这样，A就变成了B。当遇到DADDY中的第二个D时，我加入T（=20），将D变成了X。

请注意，第一个D变成了G，而第二个D变成了X。由于密钥单词比编码的信息要短，我们然后又从密钥单词的第一个字母开始编码信息的第四个字母，这样，第三个D的编码又变成了G（D+3 = G），最后的字母Y变成了Z

（Y+1 = Z）。整个单词变成了GBXGZ。

这种方法并不总是使用同一个字母用于原信息中的相同字母，从而产生混淆，其密钥能力非常强大，因为破解密码最简单的途径之一是计算每个字母在信息中出现的频率。在任何语言中，有些字母总比其他字母用得更多——在英语中，例如，E是所有字母中最常用的字母——因此，为你提供了足够长的信息，计算不同的字母出现的频率可以得出哪个字母代替的是哪个字母的提示。通过采用很好的密钥，那种提示会失去它们的价值。

许多因素可以帮助密钥甚至更有效。密钥越长效果越好。在我的上述实例中，密钥CAT非常短，这样，三个D中的两个D用同一个字母表示，因为第一个和第三个D都加了C，在密码信息中得到G。

较长的密钥可以克服这个问题。我的密钥本身，一个符合英语规则的单词，并没有什么用处——可以通过选择没有任何意义的随机字母来改进密钥。我还可以将密钥与其他编码技术结合起来，如代换字母用于特殊单词或空格，或加入可以忽略的无效字符。

如果可以分享一个其他任何人都不知道的密钥（当然，要防止密钥被他人知晓，就像要防止信息被人窥探一样困难），是基于密钥的加密术可以提供非常强大的安全性。著名的恩尼格玛密码机是基于复杂的机械密钥产生机制，实践证明很难——虽然不是没有可能——被破解。尽管早在1918年，已经发展了一种基于密钥的加密术，完全不可能破解。

如果密钥完全由随机选择的值组成——因此，它不具有可以推导的规律——而且，如果密钥中使用的每个字母只使用一次的话，只要信息采用这个密钥进行编码，结果是完全安全的编码（如果窃听者手上没有得到密钥本身的话）。没有人很快就想到这一点，真的很让人吃惊，这种方法虽然相对简单，但却是“一次一密法”的基础。

这是吉尔伯特·桑福德·弗纳姆（Glibert Sanford Vernam）的想法，

他是美国电话电报公司（AT&T）贝尔实验室的一名工程师，他建议可采用事先生成的密钥，保存在纸条上，以字符接字符的方式，将电报电传上的信息安全地加密。［弗纳姆的创造性想法由美国陆军通讯兵部的上尉约瑟夫·莫博涅（Joseph Mauborgne）完成，他认识到密钥上的字符必须随机产生，以确保信息绝对安全。］只要没有其他人获得那个密钥，就完全不可能破译“一次一密法”的密码。

比如说，我想发送一条简单的信息给我的经纪人，“以345卖掉”。我不想其他任何人发现，并抢在我前面冲进市场，因此，我需要对这条信息进行加密。就像计算机使用ASCII编码一样，每个字符有一个数值，我们可以使用我们自己的数字码。让我们使它既简单又好用——让数字1—9代表那些数字，0编码为10，A是11，一直到Z变成36，最后，空格是37。此处，我们不需要为标点符号或上档或下档键费心，虽然，我们当然能够以完全相同的方式使用完整的ASCII风格的代码。

这条错乱的信息被发送给我的经纪人，他也有这个秘密的密钥：2－31－19－4－16－4－11－27－35－14－9。将过程反过来，接收方可以破解这条信息。假如这个密钥绝对不再使用，这种方法是无法破解的。密钥的一次性使用是必需的，因为使用方式在一系列信息中出现，密码破译者就可以将密钥逐渐分析出来。但是，如果发送者和接收者是唯一知道密钥的人，而且这个密钥只使用一次的话，“一次一密法”是完全不可能破解的。

由于字符被我们的随机密钥随机修改，如果没有密钥，信息将毫无意义——当试图破解密码时，简直无处着手，也没有任何东西可以依赖。

<table>
<tr><td>S</td><td>E</td><td>L</td><td>L</td><td></td><td>A</td><td>T</td><td></td><td>3</td><td>4</td><td>5</td></tr>
<tr><td colspan="11">首先将信息转换成数字。1—9还是数字，0变成了10，A是11，一直到Z变成36，空格是37。</td></tr>
<tr><td>29</td><td>15</td><td>22</td><td>22</td><td>37</td><td>11</td><td>30</td><td>37</td><td>3</td><td>4</td><td>5</td></tr>
<tr><td colspan="11">接下来，我们得到1和37之间数字的随机系列，将是我们的密钥。</td></tr>
<tr><td>2</td><td>31</td><td>19</td><td>4</td><td>16</td><td>4</td><td>11</td><td>27</td><td>35</td><td>14</td><td>9</td></tr>
<tr><td colspan="11">然后，我们在信息中加入密钥数字。</td></tr>
<tr><td>31</td><td>46</td><td>41</td><td>26</td><td>53</td><td>15</td><td>41</td><td>64</td><td>38</td><td>18</td><td>14</td></tr>
<tr><td colspan="11">如果我们将任何大于37的数字减去37，我们可以把这个信息转换回字符。</td></tr>
<tr><td>31</td><td>9</td><td>4</td><td>26</td><td>16</td><td>15</td><td>4</td><td>27</td><td>1</td><td>18</td><td>14</td></tr>
<tr><td>U</td><td>9</td><td>4</td><td>P</td><td>F</td><td>E</td><td>4</td><td>Q</td><td>1</td><td>H</td><td>D</td></tr>
</table>

图4.1　一次一密法加密术

这种一次性密码在第二次世界大战中使用，但是，它们无法在许多操作环境中使用，因为远距离地点要想安全地获得密钥非常困难。如果一次性密钥可以拦截和复制，则敌人可以读懂采用这个密钥编成的所有信息。正是由于这个问题，德国推出了恩尼格玛密码机。恩尼格玛密码机不是一次性密码加密机，但是，它以一种复杂的方式产生密钥，非常难以破译，而且密钥是当场产生的，因此，无法被拦截。

恩尼格玛装置的核心是一系列齿轮（起初是三个，后来齿轮更多）。每个齿轮在接触邻近齿轮的那面附近有一系列连接器，每个连接器在齿轮内与相同齿轮相对面上的另一个连接器连接。当按下恩尼格玛打字机键盘上的一个键时，电流被发送到第一个齿轮的相应连接器上。如果电流发送到第一个齿轮的第一个连接器上，它可能会在第五个连接器的另一侧出来。这个电流将流入第二个齿轮上的第五个连接器，但是，比如说，从第七个连接器上出来。当通过齿轮后，这个电流然后被“反射”——通过齿轮重新返回，返出后点亮一系列灯泡，每个连接器一个灯泡。

在键盘上按A键可以导致S灯亮，这就是加密的价值。到这里为止，这还只是简单的代换，但是，恩尼格玛的绝妙之处在于，当键松开时，第一个齿轮转动一个位置。下一次，再按这个A键将得到不同的密码。当第一个齿轮转了一圈后，第二个齿轮转到另一个位置——如此循环下去。如果通讯通道两端都使用相同齿轮的恩尼格玛密码机，从相同的位置开始（齿轮外面有字母，这样，可以设定初始位置），它们就可以一次次使用不同的密码连接交换信息。

尽管恩尼格玛的功能强大，而且非常复杂，如在前面加入了额外的齿轮和连接器，就像是老式的电话交换机，在任何要求的时候，使键盘和第一个齿轮之间的连接改变。但是，恩尼格玛的信息最后还是被英国布莱切利公园的密码破译人员破译了。通过艰苦的工作，根据特定的无线电台报务员习惯的信息格式组合（一个人或许，例如，评论天气时总是以某个特别的单词或评论开头），采用简单的机械计算机，寻找匹配的可能组合，进行强力分析，从而破解了恩尼格玛的信息。恩尼格玛非常强大，但是，与一次一密的密码不同的是，只要付出足够的努力，总是可以破解的。

密钥的加密系统的关键问题在于，要让接收方安全地得到密钥，而其他任何人都无法得到这个密钥。只要密钥被破解，就没有任何秘密可言。如果我能够拜访你，并事先把密钥给你，我们两人都把密钥复本安全地锁好，那当然非常好。但是，那是一个劳动强度大的过程，在许多情况下，不管是到达遥远的战场或是在更普通的现代应用中，如当你在线输入信用卡号从网上购买东西时，保证信用卡号的安全，像上面那样提供密钥都是不可能的。

解决（没有为每个人都配备一台恩尼格玛密码机）的形式是公共密钥加密，这种技术很好地保障了在线安全。它采用的不是一个密钥而是两个密钥。

接收信息的人为任何需要的人提供一个公共密钥。这个密钥是一个幻数，用于对信息加密。但是，信息只能通过第二个密钥——这个密钥只有接收者知道——才能破解。因此，如果有人窃听和获得了发送者用于加密信息的密钥也没什么要紧，因为那个公共密钥并不足以破解信息。在第六章中，我们将回顾此类公共密钥系统是怎样工作的——以及纠缠是怎样使它衰落的。

公共密钥系统非常方便，而且破解也非常困难。但是，与“一次一密法”不同的是，理论上公共密钥系统总是可以破解的。随着非常先进的公共密钥加密系统的发展，科学家和数学家继续寻找一种无法破解的技术，而不需要采用笨拙的一次一密的密钥分布。这需要的是一种用于分布信息的机制，可以加密和解密，但是，其密钥不会被窃听者拦截。看起来，量子纠缠可以提供这种铜墙铁壁一样严密安全的、令人吃惊的保密机制。

第一个采用实际纠缠方案进行保密的科学家是阿图尔·埃克特（Artur Ekert）。1991年，埃克特描述了一种加密密钥方法，能够从一个地方发送到另一个地方，具有绝对可靠性，不会被窃听。埃克特具有波兰/英国血统，早年在美国和欧洲各国旅行，生活丰富多彩，他在波兰的克拉科夫（Krakow）大学获得了自己的第一个学位，并在波兰以前的城市动乱时期卷入了团结工会运动。

埃克特自1991年开始在英国工作，起初是在牛津大学，最近又在剑桥大学。他在剑桥大学是量子物理学的李·特拉普内尔（Leigh Trapnell）教授；也是国王学院（King's College）的一名研究员（他还是新加坡国立大学的淡马锡教授）。埃克特在读有关纠缠的原版EPR论文时，注意到爱因斯坦和他的合著者描述了一种听起来刚好很像密码学中完美窃听的过程。如果你可以不干扰一种属性而了解它，你就可以窃听到信息，却又不被侦察到。埃克特认识到约翰·贝尔的纠缠试验可用于检测信息的侦听。

巧合的是，就在阿图尔·埃克特的“尤里卡”（译者注：据说是古希腊学者阿基米德根据比重原理测出希罗王王冠所含黄金的纯度时所发出的惊叹语，现用作因重要发明而发出的惊叹语）时刻不久之后，约翰·贝尔在牛津大学作了一次演讲。埃克特报告说，当他把自己的想法告诉贝尔时，他说：“哦，我的天啊，我从来没有想过它可以实际应用。”他对贝尔不等式被投入使用的建议非常吃惊。

埃克特的方法包括提供一种纠缠光子的中央源。每个光子对中的一个光子被发送到通讯链路的每一端。两个接收者在三个角度中的一个角度测量光子的偏振，每次测量随机选择角度。然后，它们分享对它们有用的某些信息，但是对每次测定的角度及不同的角度时的测定结果不必进行保密。

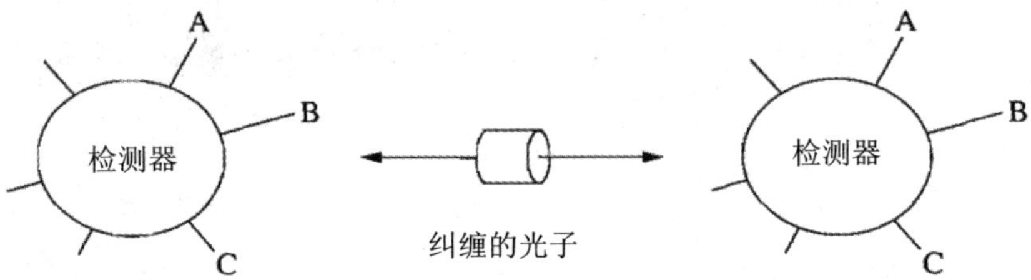

设定	结果
A	0
C	0
A	1
B	0
B	1
…	

设定	结果
C	0
C	0
B	1
A	1
B	1
…	

图4.2　基于纠缠的量子加密术

在上述实例中，在每次测定前，每个检测器随机设定在方向A、B或C中的一个方向。当纠缠光子到达检测器，在那个方向进行测量时，它将得到结果0或1。在得到一系列读数之后，链路两端共享了检测器所在位置（对左边的检测器是A、C、A、B、B…，对右边的检测器是C、C、B、A、B…）。方向虽然不同，但它们也共享了结果。因此，左边检测器共享的数值是0、一、1、0、一…，右边检测器共享的数值是0、一、1、1、一…。

检查这些读数，看看它们相同的频率——如果光子仍然纠缠，也就是没有被动过，应该存在比预期更密切的相关性，没有纠缠不可思议的连接。从比较的结果可以看出，光子仍然是纠缠的。这意味着它们没有被窃听，因为任何窃听和读取数值的尝试都将破坏纠缠。

因此，在相同角度测定的光子（在实例中是第二个和第五个光子）是安全可靠的。我们知道它们没有被窃听，关于它们数值的任何信息也没有被传播。而且由于纠缠，我们知道它们都具有相同数值，这个数值只有两台检测器的主人知道。

现在，你也许对要点是什么觉得好奇，因为没有信息从发送者发送到接收者。密钥什么时候发送的呢？答案不仅非常聪明，而且克服了传统密钥密码学最大的问题之一。通常，如果我想发送一则信息给你，我首先产生一个密钥，然后将它发送给你，然后，我们通过这个密钥进行交流。但是，这意味着存在三个机会来破译我们的系统。间谍可以在我使用密钥前，在我这方发现密钥；或在我将密钥发送给你时窃听（通过任何方式）密钥；或在你保存密钥时发现这个密钥。

在发送者或接收者方面找到密钥，通常比在密钥发送时窃听要容易一些。神奇的是，埃克特的纠缠技术提供了密钥本身——我不需要想出一个密钥，我们两个也不需要事先把密钥保存好。锦上添花的是，与采用计算机产生的任何事情不一样的是，这种纠缠产生的密钥是真正随机的。（如果你认为计算机可以产生真正随机的数字，请看第133－134页。）

当链路的两端都测定同一方向的偏振，结果或者是0或者是1，完全是随机的。我们都得到了相同的结果，但是，我们不知道将要得到的结果是什么。0和1的随机顺序成了密钥本身。

甚至更巧妙的是，如果可以采用某种方式保存纠缠的光子，只要我们喜欢，我们就可以保管将成为密钥的光子，只有在我们进行测定的那一点处，密钥本身才诞生——因此，没有人可以潜入，事先偷看密钥。实际上，保存光子并不容易，虽然现在已经出现了几种技术（例如，请看第162－163页，一种完全阻断光的方法），但是，实际上可能不必将光子保管在架上，它们可以在需要时获得——也许通过卫星。

这就是前一章提到的实验为什么如此重要的原因。如果卫星可能成为“原始”纠缠光子的来源，它们可以被照射到地球上的两处地点，提供极佳的远程纠缠秘密源。

阿图尔·埃克特并不是第一个使用量子世界的奇特性质来保证数据安全的人。远在1970年，美国哥伦比亚大学的斯蒂芬·威斯纳（Stephen Wiesner）就认为，利用量子力学的独特性可以制造出无法伪造的纸币。威斯纳想象一张上面既有传统序列号又保存了一组二十个光子的钞票，每个光子在四个方向随机偏振。

要制造威斯纳的古怪钞票，银行要有一本秘密簿，将序列号与偏振联系起来。偏振是一种量子状态，以奇怪的方式使其对测量作出反应（见第48页）——你只有事先知道每个光子的偏振，你才能准确地测量它。想一想——只有你已经知道了结果应该是什么，你才能准确地发现光子的偏振。

例如，如果你有一个与水平成45度角偏振的光子，并且检查它是否水平偏振，答案不会是“否”或“1/2”——相反，50%的时间你将得到“是”，50%的时间你将得到“否”。那么进行水平测定，得到“是”告诉你光子不是垂直偏振——但是，它本来可以在任何其他方向偏振。同样，如果你得到结果“否”，你所知道的是它不是水平偏振，但是，不知道它在哪个方向偏振。

然而，如果你有银行秘密簿的复本，而且你知道偏振应该与水平方向成45度角，并以那种方式进行测量，它每次都将得到“是”。因为不可能读出光子偏振值，你无法复制它们。因此，只有带有特殊序列号和整组二十个按银行秘密簿规定的合适偏振的光子的纸币，才是真正的、原始的钞票。已知偏振可以被检查而未知偏振无法被测定这种巧妙的技巧，使得不可能从钞票复制数值。

当然，威斯纳的想法，虽然非常有趣，但是，却难以置信而且也不切实际。回到1970年技术不那么发达的时代，他的建议在任何情况下都不可能实现，即使是现在，将二十个光子禁锢在纸币上，也将花费数十万美元，而且尺寸（重量）将有一个小烘箱那么大——根本就不是一种保护美钞防止伪造的有效方法（虽然，比如说，如果有某种方法可以将这种防伪检测器嵌入到名画《蒙娜丽莎》中，也许值得一试）。当时人们对威斯纳的建议的反应，也反映了这种不切实际性。他悲伤地评论道：

> 我从我的论文指导教授那里没有得到任何支持——他对它根本就没有任何兴趣。我也向其他几个人展示了我的想法，他们全都摆出一副奇怪的面孔，直接继续做他们的事情。

即使你可以制造出包含二十个偏振光子的钞票，验证钞票的这个纯粹的行为就将它破坏了，这丧失了检查伪钞的整个概念。没错，银行可以重新恢复那个数值，但是商店不能，而且，这是在忍受了非常多的“即使”之后。你怎样才能在一张钞票中保存一组偏振光子呢？光子具有以光速运行的习性——它们不会闲坐在那里等着被测量。威斯纳想象每个光子坐在一个小巧、内衬镜子、制作精良的箱子内，光子永远在里面弹过来弹过去。原则上是好的，只是在现实生活中无法实现。然而，科学中有些伟大的突破也是来自不可能的假想实验，威斯纳大胆荒唐的想法，也可能为下一个密码学中利用量子元素的想法播下了火种。

这下一个想法来自查尔斯·班奈特（Charles Bennett），他是威斯纳大学时的朋友。班奈特目前是计算机生产商IBM的一名科学家，他和蒙特利尔大学的吉勒斯·布拉萨德（Gilles Bnassard），想到了一种更实际的利用量子论来保守某些秘密的方法。

班奈特生于1943年，他首先是以一名化学家开始了自己的学术生活，但是，从1972年为IBM工作时起，他就开始主修物理学和信息理论之间的交叉学科。IBM虽然是以商业企业而著名，但是，IBM总是在纯科学研究方面进行大量的投入，而班奈特的工作将展示这种战略的好处。班奈特的合作者吉勒斯·布拉萨德1955年生于蒙特利尔，只是最近当他们开始研究量子加密术时，他才成为他所在大学的一名教师，这是他的首份学术工作。

班奈特和布拉萨德想出了一种方案，用于跨过开阔的通道分布秘密密钥。正如我们已经看到的那样，这是密码学家的梦想，因为秘密密钥是保守秘密的理想方式，但是，要想使密钥安全地交给接收方而不被窃听非常困难。班奈特和布拉萨德想象利用一束光子作为密钥传输方法，光子的偏振方向为0或1位（例如，如果它们水平测定，水平偏振结果将是1，垂直偏振结果将是0）。

巧妙的部分在于：发射器和接收器都在水平/垂直和对角之间随机地改变它们的测量。在密钥已经被传输之后，传输的一端告诉另一端它们使用的是哪个方向（但不是它们是否携带“0”或“1”）。这意味着当一端的方向与另一端的方向不同时，它们能够舍弃测量。

至于埃克特后来以纠缠为基础的方案的巧妙之处在于，如果第三方沿途截获了光子，他们就已经破坏了测量。在窃听发生时，没有人分享检测器正在使用的方向，因此，窃听者无法知道正确的设定是什么。测量这个行为将改变某些偏振。然后，如果两个通信者分享他们某些光子的值（并且舍弃那些光子，不用它们来发送密钥），他们就可以检查是否被窃听。

只有当两端对其装置的随机设定足够一致时，不仅包括密钥本身，而且包括它们舍弃检查的光子，密钥传输才完整——而且只有检查得出满意的结果，才能使用这个密钥。这看起来似乎是绝对可靠的。但是，这个想法受到重重阻力。这次，受怀疑的不是理论——与威斯纳的不同，班奈特和布拉萨德的想法得到了广泛支持——但是，人们认为，不可能将它付诸实践。量子论只不过是——一种理论而已。作为通信系统的基础，它似乎太不实在了。

最后，班奈特觉得赢取那些怀疑者的唯一方式就是将理论转变成实验。班奈特本人是一名理论家，而不是一名实验家，他笼络了一名研究生约翰·施莫林（John Smolin）帮助他制造量子加密机。这对他们两人来说，都是一种学习的经历。正如施莫林后来评论道：

> 查理和我对制造任何东西都所知不多，但是我们知道这很危险。这里有一个实例，可以看出查理做实验的敏捷性。我记得有一次我去马萨诸塞州坎布里奇他们的公寓拜访乔治（染匠——班奈特的继子）。查理对他从某处弄来的美味新茶非常兴奋。他架起了一个小的双套锅，包括一个锅和一个茶壶，他解释说这是煮这种美味茶叶的正确方法。乔治和我离开房间出去了一段时间，几小时后我们回来了，当我们来到厨房时，我们注意到这个茶壶。如果你了解黑体辐射，你可能看到黑体是如何在熔炉中变得看不见的，辐射出与填充洞同样的光谱。我们发现的情况与这不太相同，但是，在炉子上放着的是一个红彤彤的茶壶，锅内已经

空空如也。这本来也没有什么使人不安的，除了这个事实：在室温时茶壶本身是绿色的。我已经忘记了茶壶是绿色的，若不是乔治指出来，并关闭炉子证明，我也不会知道茶壶是绿色的。美味的茶叶什么都没有留下，除了一股淡淡的焦香。

除了任何实际的限制之外，这两个人作为实验家还存在一些琐碎的事情，他们对购买设备没有预算。像班奈特这样的理论家通常需要的东西很少，只不过是笔和纸罢了——而建立实验装置却是另一回事。他们从IBM的仓库中挖掘出各种零件，班奈特发现他可以屈服于官僚主义，几乎可以订购价钱低于300美元的任何东西，这样，就不会被计为资本支出。

1988年某天凌晨3点左右，在一间漆黑的房间内，班奈特和施莫林设法得到了肯定的结果。两台计算机，毫无疑问只分开两条腿的距离那么远，由于采用了量子方法，以明显的安全性成功交换了密钥（这个阶段的实验还没有试验窃听的效果）。连接两台计算机的不透光的箱子，用于防止加密光子产生散射干扰，被干巴巴地，如果不是非常古怪地称为“玛莎阿姨的棺材”。一位经过者在注意到这个放在班奈特桌子上的、盖着黑天鹅绒的盒子时，对施莫林表示了吊唁。盖上黑天鹅绒是为了挡住光的泄漏，但是它却给这个箱子添上了阴暗的葬礼氛围。

班奈特和布拉萨德的想法已经在实验室中证明可以使用，并且已经成为某些早期商业量子加密术的冒险基础。

但是，如果要发展成在现实世界中可以广泛使用的可靠产品的话，他们的方法还存在许多问题。首先，只有在你能够将单个光子从一个地方发送到另一个地方时，这种方法才管用。当班奈特和布拉萨德在20世纪80年代研究这个想法时，要在稳健的商业产品中将单个光子从一个地方发送到另一个地方仍然是困难的，即使在现在，要做到这一点也是困难的。这意味着班奈特和布拉萨德每次都必须使用一群偏振光子，而不是单个光子——原则上，窃听者也许可以从每群光子中偷出几个光子而不被检测出来。这种方法还需要在两端之间建立多重通讯来发送光子，并对设定和核对进行比较，确定是否采用密钥。

问题还不止这些。采用偏振光子直接作为量子密钥的方法还存在一些问题，因为在假想实验中，所有实际装置具有的固有损失和失败经常被遗忘。这种系统依赖于当它到达接收站时能够检测一个光子。但是，这个过程将会出现误差，只有通过两端之间某种程度的交流才能解决这些误差。这种检查系统保持数据稳健，但是却也创造了某些信息泄漏出去的可能性。班奈特和布拉萨德想到了一种被称为秘密放大的技术来避免这个问题，原则上使它们能够整理密钥，剔除可能已经被偷听的部分。

如果窃听者能够使用量子纠缠来更巧妙地提取信息，减少拦截的影响的话，这种技术本身很容易被窃听。即使采用秘密放大，像班奈特和布拉萨德一样的直接量子密钥分布，也总是通过纠缠与拦截冲突；阿图尔·埃克特的纠缠量子加密术，采用只与光子纠缠的类似秘密放大的技术，不会与拦截冲突。

最后，班奈特和布拉萨德的技术取决于在将其发送到另一端之前的、过程一端产生的随机密钥。与密钥是由机制本身产生的量子加密术的纠缠不同的是，这种技术会让密钥公开被检测，而且还存在不是真正随机产生的风险，除非它也是由量子过程产生的。纠缠是比班奈特和布拉萨德的方法更难一点的方法，但是，从安全性观点来看，具有明显的优势。

采用纠缠来产生密钥，不是帮助保密的唯一方式。如果采用传统的秘密密钥，如班奈特和布拉萨德的方法采用的那样，还可能使用纠缠来帮助检测侦听。想象产生一束纠缠光子，注入到数据流中。它们可以被插入到数据中的随机位置，只有纠缠光子的百分数是已知的。

在接收器一端，可试验光子的纠缠。如果百分数仍然相同，则密钥可以使用；如果百分数显著下降，则信息已经被侦听——因为读取信息将破坏纠缠。当然，这种技术必须加以改进，以防止被偷听，例如，偷听者建立新的纠缠，使其百分数刚好合适；但是，原则上，采用纠缠分布密钥的行为已足够保守秘密。

以埃克特建议的方式使用的量子纠缠，与任何人想出的既实际又完全安全通讯的方法仍然是最接近的。但是，那些喜欢破解秘密的人并不会保持安静，量子加密术声称不可破解这一点，已足够引起黑客大怒。应该强调的是，试图破译加密术的人并不总是坏孩子——他们有些为国家安全机构工作，努力防止恐怖主义，有些是为加密术开发人员试验技术的有效性。

因此，黑客是否有机会呢？是否可能破译这个不可破译的密码术，通过一个无法逾越的屏障呢？简单的答案是也许吧。请记住，产生一个随机秘密密钥的“一次一密法”，其信息是完全不可破译的，自1918年以来一直如此——但是这种方法仍然并不常用。即使加密术本身可能是无懈可击的，但是，密码的产生、保存、分布和使用都可能被破坏。同样，人们可能避开量子纠缠不可破解的偷听监测。

首先，物理学可能存在瑕疵，虽然这种可能性非常小。某些进一步研究的量子神秘现象，也许允许进行不可能的偷听。正如就在最近，还有很多人争论在现实世界中无法利用纠缠本身一样。如果发生了这样的事情，突破不可能来自黑客——它将是一种传统科学发现，然后开创了破译秘密的可能性，正如量子计算机的发展（见第六章）可以导致目前互联网上使用的公共密钥加密很容易被破解一样。

虽然，更可能出现的情况是，在物理学和工程学之间的领域出现了新的发现。虽然，目前已有几个机构可提供全程包量子加密系统的早期版本，人们可以购买和安装用于实际的商业应用，但是，在实验室实验和稳健的、实际的装置之间仍存在一定距离。难就难在将理论和可控制的条件迁移到实验室外真实、危险的世界的种种细节。通过简单地在线路上侦听，没有人能够破译量子密码，这是正确的——但是，还存在其他可能性。

采用强大技术的一个危险来自人们的疏忽，因为他们相信技术会保证他们安全。例如，当汽车变得更安全，司机的风险却更大。如果一台计算机的通信确实是安全的，使用这台计算机的人就会变得懒散，优秀的黑客就会利用人身上的漏洞，而不是科学中的漏洞。通常，技术上出色的保密却由于人员懒散或不胜任而降低。人们将密码写在黏附的票据上，贴在计算机屏幕上，放在他们工厂的装置上，或使用像“口令（password）”一样的密码，导致系统对黑客完全没有防范。纠缠加密系统的用户也一样会粗心。

如果你从一节秘密信息的创建开始就跟踪它，直到量子纠缠系统沿线路发送，从另一端出来，信息必须从可读的形式开始，在远端它必须转换成可读形式。从某方面来说，如果它具有任何数值，信息必须到达人的大脑，这意味着要印在屏幕上或印在纸上，这时就没有任何加密。显然，一旦信息破译出来，这时就没有任何量子纠缠（或任何其他加密系统）可以保护信息。因此，一个非常明显但很容易被忽略的机会是在加密前或在加密清除后侵入。

这可以通过很多方式来完成，从微不足道的小事——盯着输入或读取这则信息的人员的屏幕或键盘——到更微妙的手段，包括监控计算机键盘和电脑本身之间的线路信号或连接计算机和屏幕的电缆。现在，任何人都可以在市场上买到一种简单的，看起来没什么害处的连接器，可以插在键盘和计算机之间，然后，就可以捕捉到每一次击键。

令人恐惧的是，商界、政府和军队仍然有许多高级人员认为从计算机读取信息有失身份，因此坚持信息被打印在纸上。此时，如果信息被打印在纸上，仍然有机会被别人偷瞥。

但是，即使没有任何方式来偷取加密形式之外的信息，也还是有可能愚弄系统本身。这里是一个没有用的实例，因为工程师已经意识到这一点，因此，将密切注意它，但是，某些类似的事情仍然可能发生：现实生活中的系统必须应付线路上的噪声和损耗。没有任何实际的系统第一次能够使数据100%地通过。这意味着所有通讯系统必须能够处理误差，不管是通过利用冗余——重复发送信息要素——或通过检测误差的机制，要求重新发送信息。

大多数量子加密系统依靠建立一系列将成为密钥的0或1值，用于对真实的信息加密。想象一位黑客设法沿连接通讯通道两端的光纤发送一股强大的脉冲，这股脉冲是如此强大，以致烧坏了接收端两个检测器中的一个。如果检测器之一出毛病的话，构成“随机”的模式将全部由，比如说1组成，密钥将是一串1。然而，系统操作员却将仍然认为，加密采用的密钥仍然是变化而不可预测的。

同样，可能那部分系统将会无意中泄漏信息。如果偷听者能够侵入线路，并监测非通讯本身——这将扰乱量子测定，得出检测——但是在某种程度上并不那么明显，就像激光的控制信号，或如果偷听者可以将他们自己的光子朝输送者方向发送，并根据那一刻采用的装置从设备得到不同的响应，也许可能接进这个系统，而不扰乱纠缠连接。

这些可能没有哪一个是确定的。纠缠仍然是可以想象的加密术的最强大工具——也只是这样而已，当将科学理论转变成实际工程方案时，总是存在许多必须开拓的各种可能。

量子加密术离广泛的商业接受性非常近，到2010年很可能被大量地用于重要信息的保密。毫不吃惊的是，安全组织和金融机构都表示了相当的兴趣。2004年4月21日，安东·塞林格，量子世界的表演者，通过在维也纳市政厅和奥地利银行之间演示连接，激起了未来客户对这种系统的兴趣。我们已经在书中遇到塞林格几次了，他在开创量子纠缠的实际应用方面起了非常关键的作用。

安东·塞林格（Anton Zeilinger），1945年生于奥地利，他在维也纳大学为期末考试温习功课时，因为偶然的原因，对量子物理学的特性产生了兴趣。“我并没有简单地去听量子力学的课。我在期末考试的最后一刻从书本中学到了一切东西。我所读到的知识让我兴奋——也许是兴奋多于其他东西。”自那以后，量子世界的实验就一直让塞林格痴迷。

塞林格和他的研究小组从市政厅至位于肖腾加瑟（Schottengasse）街附近的奥地利银行支行建立了通信连接，并且采用基于量子纠缠的加密术进行保密，利用流行的软件（加密和解密模块除外），设法从维也纳市长基金转出了3 000欧元（当时约合4 000美元）到大学账户上，这是当局送给他们这项研究的礼物。

为了此次展示，在约500米的距离建立了加密连接（约1/3英里），光纤慢慢通过维也纳的古代下水道。这些下水道是奥逊·威尔斯（Orson Welles）的经典电影《第三人》的背景之一，非常有名。当然，塞林格已经展示了可以在空中远距离发送纠缠的光子，2004年，新加坡政府决定将这种自由空间网络和量子加密术结合。

新加坡是第一个计划对全国通讯网络采用量子加密术保护的国家。公平地说，对新加坡来说，这比大多数国家要容易很多。

新加坡的主要岛屿仅仅约为15英里乘8英里。通过从岛中心传播纠缠的光子，所有重要地点都可被维也纳纠缠传播证明的、实际可利用的最大扩散距离所覆盖。

这个项目，是淡马锡实验室国防研究机构、新加坡国立大学、南洋理工大学及政府资助的A*STAR机构的共同项目，一开始在大约1公里（2/3英里）范围内建立了连接——在这个距离，维也纳小组要开展实验只需保证连接足够长，新加坡的装置必须一直保持运行，不管天气有多糟糕，这意味着还要进行许多试验来观察这种技术是否能够承受风、雨、气流，甚至地震。

与奥地利的研究小组一样，新加坡的研究小组，由学术、商业和政府人员组成，需要利用有源光学来将光束保持在轨迹上，但是这需要形成一个跨越这个岛屿的星形网络，并在2010年前能够为商业和国防利益所用。美国和欧洲在光纤和自由空间量子加密系统方面都有大量的商业活动，在世界范围内采用这种技术几乎没有什么可怀疑的。

纠缠已经证明了它在保证信息安全方面的价值，并且可能在这个领域开展首次商业应用——但是，这并不是已经与量子纠缠联系在一起的唯一通讯领域。毕竟，纠缠粒子之间存在神秘的连接，似乎在任何距离都能立即响应，这种方式违背了相对论。是否有机会打破光势垒，通过这种非定域连接发送一个即时信息呢？

Chapter 5

The Blish Effect

第5章　布利什效应

我的兴趣被两种巧合——那种因果不允许的巧合所激发，但是，无法改变的事件却似乎在世界各地同时发生。

——詹姆斯·布利什（James Blish），《同一时间》（*The Quincunx of Time*）

1954年，科幻小说作家詹姆斯·布利什（James Blish）写了短篇小说《嘟嘟》，探索任何距离的即时通信。将信息即时发送到任何地方的能力，具有强大的吸引力，而且每个听说过量子纠缠的人，差不多都会想到这种可能性。

毕竟，即时通信正是纠缠粒子正在做的事情。一个粒子发生变化，就会在另一个粒子中反映出来，不管它们在什么地方，相隔有多远。如果你可以驾驭那种神秘的力量，如果你可以利用纠缠在任何范围内发送即时信息，那么就可以证明纠缠具有巨大的价值，正如我们已经看到的，纠缠不仅可以保证信息安全，而且还可以克服光滞后。

甚至只是在相对较小的地球上，我们发送信息最快的速度——光速（在真空中光速约为300 000公里/秒或186 000英里/秒，在其他地方稍慢）

也会导致延迟。在卫星电话通话中，光速会引起令人恼怒的停顿，并让建造大型通信网络的工程师头疼不已。信息传播的距离越远，光滞后越大。

当地球和火星分开的距离处于平均水平时，来自火星探测器，如“勇气号”和“机遇号”的信息，也要花四分钟的时间到达我们这里。这种延迟非常漫长，几乎不可能进行任何实时控制。从最近的星球（不是太阳），任何通信将需要四年以上。从银河系最远的星球，一则信息到达地球需要数十亿年。不完全是高速通信。正是在发送信息穿越深邃的太空这个背景下，布利什构思了他的小说。

詹姆斯·布利什是美国人，他的大部分职业生涯是在欧洲度过的，他的作品涉猎广泛，几乎囊括科幻小说的所有领域。他最受欢迎的书《事关良心》是一部探索人类心理的思想小说；他写了《飞行都市》系列小说，是风头势不可挡的银河系传说，在宽度和想象力方面值得与艾萨克·阿西莫夫（Issac Asimov）相提并论；他还写了一系列《星际迷航》小说，甚至还写了一部虚构中世纪著名科学家罗吉尔·培根（Roger Bacon）生活的小说。

《嘟嘟》与其他小说不同。布利什本人在一篇以这个故事为基础写成的《同一时间》的序言中承认，“小说中……这里没有多少物理作用，更别谈任何情景剧了。正如（我的编辑）斯隆先生1954年时就认为，小说的结构仍然几乎是框架似的，确实有点敷衍塞责。”这几乎是一部纯粹的概念小说。布利什产出了一个非同寻常的想法，然后采用科幻为工具，去探索这种想法的结果。

《嘟嘟》的背景设在2090年，那时，比光速还快的太空旅行已经开始一段时间了，但是，信息传输还不行。跨越光年最快的通信方式是通过太空飞船携带信件。但是，一项新的发明，狄拉克发射器（以20世纪英国物理学家鲍尔·A. M.狄拉克（Paul A. M. Dirac）的名字命名）将改变所有的一切。

通过狄拉克发射器，不管距离有多远，通信都是即时的。而且，即时通信对每个人的生活都有巨大而出乎意料的影响。

布利什没有谈到他的小说是否是历史意识的反映，虽然他的那本有关罗吉尔·培根的小说清楚地表明了他对科学的历史背景非常着迷。不管《嘟嘟》的影响是什么，在现代通信的发展中都存在重要的平行发展，我们需要简单地进行梳理，回溯到19世纪80年代，追随信息从实际物体向虚拟实体的转变。

自动物被首次驯养以来，在陆地上传送信息的最快方式曾经是马背上的信使，他们或者记住口信，或者将书面信件放在鞍囊中。若遇到水路，信息的传输速度则取决于航船的速度。相隔仅仅几百英里的信息传送需要几天——如果横跨大陆，则将滞后几星期或甚至几月。

马匹的局限性——以大约每小时三十英里的速度飞奔，长途传送时速度也许仅仅只有每小时十英里——即使在古代，也并不是绝对限制信息传送的原因。此处重要的限定词是“复杂的”。

如果信息的唯一要求是简单地报警，则教堂的钟声能够以音速——在海平面上，以每小时约760英里的速度传递警报。如果在警报源和目的地之间存在很好的视野，可以采用所需范围内看得见的任何东西以光速传递基本信号——例如，挂一面白旗或在白天燃起一堆烟柱，或在晚上点燃烽火，可以采用在世界各地曾经广泛使用的方法，从中国长城的岗哨到印第安部落的烟幕信号。

这些方法在引起人们注意方面挺不错，但是，对于传送实际消息几乎没有什么用处。比如说，有人刚刚赢得了世界冠军、详细说明取得的科学突破、表达藏在心底的爱意、谈生意或宣战，这些信息还是只能使用稳定、缓慢的马背骑士。直到18世纪90年代，法国人克劳德·查比（Claude Chappe）将用于报警的受到限制但速度快的系统与合适的代码结合，才可以传递更详细的信息。

查比一开始利用声音——将一个敲起来很响亮的铜锣（实际上是一个大金属锅或砂锅）与一对时钟组合在一起。一旦时钟通过一系列当当声同步，敲击砂锅，作为发射器时钟的秒针，传递一个选择的数字。接收者将可以听到这个声音，因为他的时钟的秒针传递了同样的数字（通过那些最初的当当声同步，因音速导致的任何滞后都被纳入系统中）。然后，只需要从时钟数字转化成合适的代码。为了更简单，字母被贴到时钟表面上。

声音具有绕过障碍的能力，但是，却消散得非常快，对风向也具有高度依赖性。期待声音可靠地传播半英里以上是危险的，这意味着要将一则声音信息在国内传播，需要建立数量众多的站点。声音还会干扰人们的生活，让人感觉不舒服。

教堂钟声或宣礼员（注：在伊斯兰教寺院尖塔上按时呼唤信徒做礼拜及祷告的人）的召唤，这种仍在使用的最常见的远距离音频通信系统，召唤礼拜者去做礼拜，人们也许可以接受；但是，如果它们不分白天黑夜不停地传送信息，人们很快就无法忍受。因此，一旦对基本的原理感到满意，查比就开始实验其他替代方案。

明显的改进手段是使用视觉。毕竟，自古代以来，视觉信标一直十分流行，在方圆10英里范围内可以看到，而且具有良好的可见度（也许采用望远镜会有所帮助）。查比的第一次尝试是通过转动一块装在枢轴上的一面漆成白色、一面漆成黑色的木板，简单地以视觉闪光代替听得见的隆隆砂锅声。一种简单的白色闪光用于表明在钟面的位置，正如当当声曾经做的那样。虽然，很快，如果同时传送一则以上信息的话，任何具体的字母采用信息组合“位（bits）”来指示，这个采用时钟的烦琐事情显然可以被遗忘。

这本来可以通过一起使用几块板子来实现（而且在后来的竞争装置中也这样采用了），但是，查比选择使用按比例放大一种复制品，也许是最古老的信号视觉形式——在空中挥动你的手臂。他的装置安装在塔顶，由两只巨臂组成，每只臂上装一个转动的端块。通过将臂和端块放在不同的位置，一串字母可以从一个站传递到另一个站。查比的一位受过古典教育的朋友建议他把这种远距离信号装置称为电报（telegraphe），取自希腊语“远（afar）”和“写字的人（one who writes）”。［上文提到的朋友Miot de Melito在他的回忆录中提到，查比想把他的发明命名为速记员（tachygraphe），大意是写得快的人，但是，Miot轻蔑地告诉他这个名字“很糟糕”。］这个术语后来被采纳，不是用于远距离记录仪，而是用于监测卡车司机在路上花费的小时数。

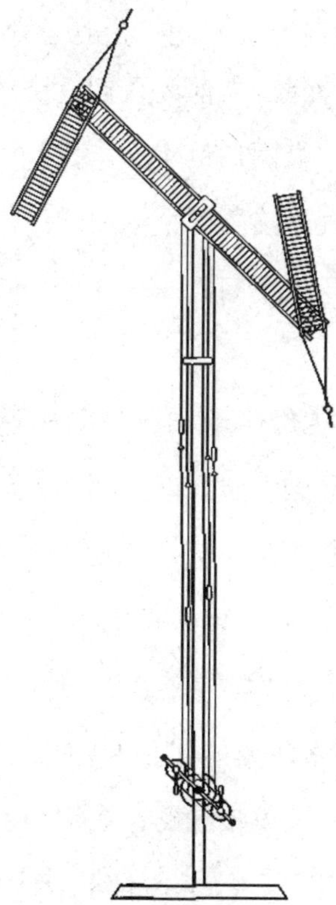

图5.1　查比的电报

到1794年，即查比将他的系统换成视觉信号的三年后，已经建立了一系列电报站，可以将信息从巴黎发送到130英里外的里尔，在15个巨大信号装置之间,用几分钟狂乱的机械手势代替了马背上漫长的一天行程。

这就是法国电报的成功，在接下来的四十多年里，世界各地建立了大约1 000个电报站，大多数电报站沿战略防线修建。这并非巧合——电报［或英语国家所称的“旗语（semaphore）”，取自希腊语“承载信号（signal bearing）”］的运行成本高昂，而且令人沮丧地受到天气和黑暗的限制。商业和私人信息必须等待一种成本更低、可靠性更高、能够传送更远距离的媒介出现。

即使在当时，人们也很清楚应该采用什么媒介，如果能够克服实际困难的话。在查比的机械巨物建造之前，人们就已经知道，电能够以巨大的速度沿线传送信号——但是，直到19世纪30年代，大西洋两边的平行研究才克服了任何试图建立电报的人面临的两个主要问题：怎样通过看不见的某种东西，如电脉冲来传输信息及技术问题——让信号沿足够长的电线传播，从而使系统物有所值。

在那个世纪之初，电曾经用于如此野蛮和不切实际的发明中，以致它过去的污点使得想要在其基础上建立新发明的人们面临重重困难。1832年在纽约开始从事电报研究的塞缪尔·莫尔斯及四年后在英国独立地开始研究这种想法的威廉·库克和查尔斯·惠斯顿的小组，一开始都被贴上怪物的标签。

在经过多年没留下什么印象的工作和演示后，莫尔斯终于沿华盛顿到巴尔的摩的铁路线建造了一条电报线路，采用他的点划代码将线路中的电脉冲转化成人们可以解释的信号，并于1844年5月24日发送了第一条信息“上帝创造了什么（What hath God wrought）”。

同时在几个月之后，在大西洋的另一边，库克和惠斯顿利用一对指示器的各种位置，采用一种拼出字母的装置，用电拖着，很像是磁罗盘上的针。他们的电报线连接伦敦和西部20英里远的一个当时不知名的小地方斯劳。之所以选择斯劳，是因为它是离温莎和伊顿最近的火车站，战略位置非常重要。温莎是王室家庭主要居住地，伊顿是有钱人和贵族将他们的儿子送去读书的学校所在地。

1844年8月6日，这种新的电报线连接将维多利亚女皇第二个儿子出生的消息从温莎传播到了首都，从而引起了巨大的宣传效应。据说，这个消息在温莎宣布40分钟后出现在《泰晤士报》上，传播到伦敦的大街小巷，这种发表的速度，即使在今天似乎也非常了不起，而这大部分要归功于电报。

电报以迅猛之势遍地开花，其速度实际上可与21世纪互联网的发展相提并论。到1850年，已经有1.2万英里电话线横穿美国。而当1855年，亚瑟·斯雷上校在英国创办新的报纸（主要是作为发表对剑桥公爵的攻击。剑桥公爵在克里米亚战争中是一位将军，他根据社会地位而不是能力来提拔初级军官），很自然就把他的报纸称为《每日电讯报》。与《泰晤士报》一样，这份报纸今天仍然存在。

有些人对电话线上到底发生了什么感觉困惑——例如，缅因州的一个人，看着一位话务员将一份紧急电报沿线发送出去，但是，无法理解为什么他写着信息的那张电报纸条只是放在大头钉上，看起来似乎没有发送到任何地方去。

当他问为什么他的信息没有发送时，却被告知信息已经发出去了，他认为自己一定被骗了，因为“纸条现在还在钉子上”。尽管如此，很快，数以千计的信息就被传播出去。正是这些信息的影响，使电报能够让人们洞悉即时通信的影响。让我们来看两个具体的事例，它们都摘自汤姆·斯坦奇关于电报发展的优秀书籍《维多利亚时代的互联网》。

1854年1月3日，约翰·托厄尔在斯劳谋杀了他的情妇，立即坐火车前往伦敦安全的无名小地。仅仅在几年前，要从斯劳发送一条要求逮捕他的命令的信息，最快的方式是搭乘另一趟火车。如果在那时，这个谋杀者行动如此迅速，实际上能够操纵时间。一旦他搭上火车，及时回到周围没一个人知道这个事件的地方。在伦敦，他还是一个清白的人，谋杀还没有发生。

对托厄尔来说，不幸的是，首条英国电报线路正是沿他搭乘的火车线路运行。斯劳话务员注意到了他那特征明显的棕色长大衣，拍了一份电报到伦敦警局，让他们找一个“穿得像教友派［kwaker（Quaker）］的人”。（在库克和惠斯顿的系统中没有。）托厄尔被抓住，后来被绞死了。信息破坏了他的时间旅行，在他还未到达伦敦时，信息却早已经到了。

更让人吃惊的是，人们发现，采用这种方式可以欺骗博彩系统。现在，如果有人想出时间旅行计划，脑海中涌现的第一个应用就是在抽奖前发现中奖的乐透号码，以这种轻松的方式发大财。在19世纪，这样做是可能的。回到那个时代，赛马庄家对反映通信速度的时间抱实用的态度。他们认为，在结果到达庄家操作的小镇之前，赛马仍没有结束，因此，仍然可以对远处的比赛下注，直到赛马已经结束那一天。

精明的投机客很快就发现了电报能够让他们有效地将信息及时传回，在庄家认为比赛结束之前将结果告诉别人，百分之百地赢得赌局。电报公司也没有忽略这种机会主义，他们试图阻止这种交易，对那些犯法的人，早期采用了有编码的信息。

在一个有文件记载的实例中，一份电报从伦敦发送到20英里外著名赛马场附近的埃普瑟姆丘陵站，要求一位朋友送一些行李和披肩到伦敦。回电是：“你的行李和格子呢（tartan）在下一班火车前到达。”“格子呢”是一个文字符号，表示赢得比赛的骑师的颜色。这样就可以在比赛结果传到伦敦之前下注。

对一个靠驿马快递传递信件的世界，电报颠覆了一切。与电报之前的任何东西相比，电报提供了即时信息。

如果电报改变了维多利亚时代的商业和社会，也改变了布利什想象中的未来，那么，狄拉克发射器更具革命性。在小说《嘟嘟》中，当发射器即将第一次试用时，发生了某些非同寻常的事情。一位不知名的告密者在试验之前描述了这个秘密试验。更奇怪的是，在后来的几年里，发射器似乎让政府觉得具有神秘的先知先觉。

当入侵舰队在太空出现，反击船只已经等在那里，准备阻止攻击。然而，即使当不友好的船只一出现，就立即发送一则信息，组装反击舰队也需要几天，即使不是几星期的话。

小说的主人公在某种程度上逐渐实现了狄拉克发射器接收来自未来的信息。这种能力取决于想象发射器的工作方式。布利什是一个心思缜密的作家，他尽力利用了科学事实。如果他遇到过量子纠缠概念，几乎可以肯定他就会将它写进小说中，正如小说所展示的那样，他想出了一种非常类似的虚构概念。他小说中的一个角色，以一种准确地展示了布利什的编辑为什么要抱怨的语言告诉我们：

> 通过晶格、处于运动中的正电子，伴随着德布罗意波。德布罗意波是宇宙中其他地方处于运动中的电子波的变换。因此，如果我们控制正电子的频率和路径，我们就控制了别处电子的位置。

正电子——带正电的电子反物质，首先由狄拉克在理论上提出，并在几年后在实验中发现，在20世纪50年代让许多科学家（和科幻作家）兴奋——例如，阿西莫夫的著名机器人，拥有“正电子大脑”——因此，布利什在他想象的技术中写入正电子，就没有什么好奇怪的。他所描述的那种分离无意间与纠缠非常类似。但是，小说中的狄拉克发射器是怎样让它的用户知晓未来的呢？

在每则信息开始时，是一种高音嘟嘟声，一种显然无法避免的技术干扰。当对这种嘟嘟声进行分析时，利用狄拉克发射器发送的每则信息，一直被浓缩到单个声音冲击中。

因此，这种“看”未来的能力——因为，正在发生的事件警报可以在事件发生之前知道。

嘟嘟本身纯粹是虚构的，但是，如果它确实存在，从未来接收信息的能力具有巨大而令人恐惧的意义。它不仅能够向你本人发送乐透中奖号码，让你赚大钱——或是能够警告外星人侵袭——整个因果关系链，一件事引发另一件事的方式，可能都会被破坏。

仅仅想象一台简单的（如果毫无意义）的装置：一台能够利用其自身的发射通过遥控开关的发射器。发射器打开时，我们通过我们的时间旅行装置发送一条信息，在时间上往后倒转了几秒钟。在发射器发送这条信息之前，这条信息将发射器关闭。但是，如果发射器被关闭，它就不可能已经发送信息。而如果信息未被发送，则发射器仍将是打开的。这种结果是纠缠的梦魇，一种似乎破坏整个现实性基础的矛盾现象。

如果布利什的《嘟嘟》纯粹只是一部小说，我们为什么要担心呢？因为任何运动速度超过光速的信息将回到过去。如果纠缠的确意味着我们能够以无限的速度毫无延迟地发送信息，我们将拥有制造信息时间机器的技术。不可能允许个人通过时间维度回到过去，但是，我们可以向过去发送信息。这是部分爱因斯坦描述为“同时性的相对性”的狭义相对论不可避免的结果。

爱因斯坦本人，在一本针对普通读者的描述相对论的书中，利用两个不同地点被闪电击中的铁路路堤的画面介绍了这个概念。然后，他提出了看起来很合理的要求：

> 我提出了这两种闪电同时发生的另一种主张。如果我问你这种主张是否有意义，你将用决定性的“是的”来回答我的问题。但是，如果我现在要求你更准确地解释这个主张的意义，你会发现，经过一些考虑后，这个问题的答案并不像它初看起来那么容易。

爱因斯坦问，我们如何知道两束闪电真的同时击中呢？空间上分开的两件事情，同时发生意味着什么呢?我们不可能同时待在两个地方，我们也无法确定两个地点的钟完全同步（不管这意味着什么）。我们能够检查同时性的唯一方法，他建议，就是由一位观察者待在两个地点之间，拿着一对镜子，这样，他立即就可以看到两个方向。如果闪电准确地同时到达中点，事件就是同时发生的。

到目前为止，一切都还不错。但是，让我们从路堤移动到铁路上。爱因斯坦继续想象一列长长的火车，沿铁轨从左边开到右边。我们也有一名观察者，拿着两面镜子站在火车上，在闪电发生时，镜子处于闪电的中点。

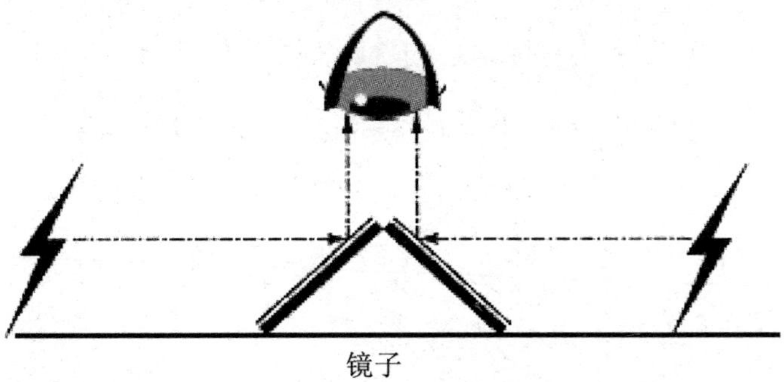

图5.2　爱因斯坦的路堤上同时到达的闪电

图5.3　闪电瞬间爱因斯坦的火车

但是，现在存在一个问题。当光朝中心的两面镜子移动时，火车已经开动了。如果火车从左边开到右边，则右边的镜子离右边的闪电攻击更近，而左边的镜子离左边的闪电攻击更远。就火车上的观察者而言，右边的闪电在左边的闪电之前发生。对同一名观察者来说，如果观察者在移动的话，同时发生的两件事不再是同时发生的了。然而，两名观察者仍然都是非常正确的。

这里也许是最合适的时间来谈谈那个“固定的”观察者的概念。在相对论中，你必须总是将事情放到背景中考虑。当我说这个观察者是固定的时候，我指的是就雷击而言，他没有移动。他仍然坐在地面上——我们大多数人习惯性认为是固定的某种东西。这也不错。但是，我们应该记住，同时，这名“固定的”观察者也在随地球的旋转而在旋转，绕着地球轨道闪烁，随着银河系以数十万英里每秒的速度穿过宇宙——没有那些小词语“相对于”夹杂进来，很难深入谈论相对论。在这种情况下，相对于路堤和闪电，第一个观察者是固定不动的。（第二个观察者在运动，但是，相对于火车来说，他是固定不动的。）

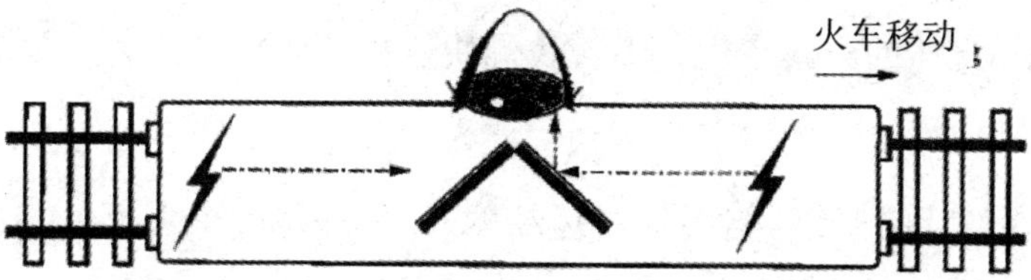

图 5.4　爱因斯坦稍后的火车：右边的闪电已经到达，但左边的闪电仍然在路上

现在，任何读过一点相对论的人，都倾向于全神贯注于这个爱因斯坦的实例。在他的狭义相对论中，其绝对核心是这一概念：不管你是朝着光束前进，还是背着光束前进，或是静止不动，光总是以相同的速度运动。这种相对论的基本方面是爱因斯坦本来的概念。

爱因斯坦曾经躺在瑞士伯尔尼一个公园的青草堤上，让太阳在他半睁半闭的眼睛睫毛上嬉戏。他想象不知怎么的，自己骑在眼睛里闪烁的光束旁边。如果光的表现与其他东西一样，那么，如果你以刚好一样的速度在它的旁边行驶的话，光将会停止，就像一列火车会停止一样（或将要停止）。就爱因斯坦而言，想象的光压根就没有运动。而且，由于在宇宙中并不存在神奇的固定点，他的观点与一个人说光以18.6万英里/秒的速度运动一样有效。对他来说，光是静止不动的。

这就提出了一个问题。正如爱因斯坦所知道的，苏格兰物理学家詹姆斯·克拉克·麦克斯韦已经证明，光是两种互相联系的自然现象的相互作用。运动的磁场产生电，运动的电流产生磁场。光是通过你自己的力量将你停止的终极实例。移动的磁波支持移动的电波，移动的电波反过来支持磁波——有点像聚会时玩的游戏，人们围成一圈坐下，一个人坐在另一个人的膝盖上，每个人都支撑着另一个人。

但是，只有当电磁波以某种速度——在真空中以186 000英里/秒的速度移动时，这才会起作用。这个速度是光起初被确认为电磁波的鲜明特征。

爱因斯坦认识到，光必须以一种看起来与我们遇到的任何现实世界的物体完全不自然的方式表现。不管我们快速移动或缓慢移动，光总是以相同的速度移动。你不可能背着光运动，使光速降下来，或者朝着光运动，使光速增加。可追溯到伽利略的相对运动的观点——普通相对论，对光并不适用。

当首次遇到爱因斯坦关于火车的主张时，光的这种奇特行为是这种主张看起来很古怪的原因。他似乎将火车的速度加到了右手闪电的光身上了。实际上，他并没有加上去，因为，其他因素开始起作用。爱因斯坦的狭义相对论让我们觉得困惑，因为，光的恒速导致时间和空间性质产生令人不舒服的变化。为了理解发生了什么，我们需要更深入地探索相对论的奇怪世界。虽然，事实上，实验已经证明爱因斯坦是正确的——在加速的火车上，这两个事件并不是同时发生的。右手的闪电发生在左手的闪电发生之前。

如果你无法信服，下面几页将证明为什么爱因斯坦是正确的。当应用狭义相对论时，有一个巧妙的视觉技巧可以帮助更清楚地理解什么是同时发生的事件。这种方法称为闵可夫斯基图，以俄国－德国数学家（他出生在俄国，8岁时移居德国）赫尔曼·闵可夫斯基（Hermann Minkowski）的名字命名，他于1908年想出了这种方法。这些图比它们描述的事件更让人困惑，但是，如果保持简单，这种图使为什么事情总是按它们发生的方式发生这一点更清楚——在这种情况下，对某个正在运动的人来说，理解怎样是“同时的”并不意味着同样的事情。

闵可夫斯基图在纸上平摊开，表明空间和时间。因为通常就是这样做的（没有什么更好的原因），我们测量通过时间的通道，作为纵轴向上的运动，同时，沿横轴测定任何移动的距离。（为了简单些，我们只考虑一维空间——当然，实际上是三维空间，但是，我们只需要一维空间来看看发生了什么，这非常有助于方便地保持闵可夫斯基图平整。为了画一幅完整的表示所有空间维度及时间维度的闵可夫斯基图需要四维，这有点麻烦。）

因为我们将要使用这种设置来演示即时交流，让我们想象在家里有一台发射器，一艘以巨大的速度飞离地球的宇宙飞船上有一台接收器。我们以地球上的观察者的角度来看事情——采用相对论，你总是需要知道你采取的角度是什么。

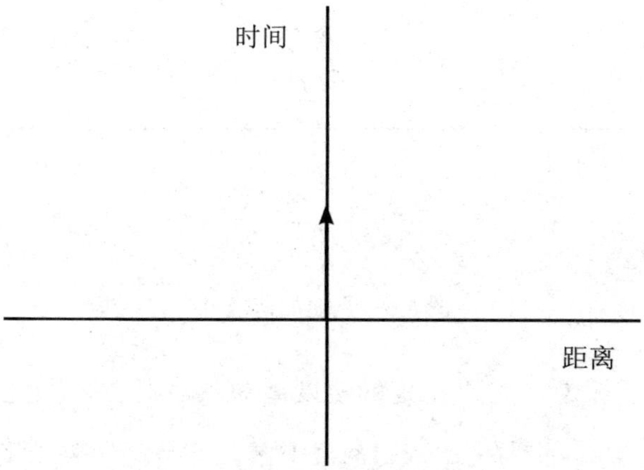

图 5.5　静止不动的观察者

这里是一个非常简单的观察者图，他坐在家中，没有运动（观察者是黑色箭头）。随着时间流逝，观察者按箭头方向的时间线向上移动，因为时间以一秒/秒的速度滴答流逝，但是，不存在左右运动，因为，就观察者而言，他并没有运动。一个并没有移动的物体（参照我们的观察者）——一支观察者拿着的笔，例如——笔尖笔直向上朝着时间轴。如果静止的物体离观察者右边一码远，比如说，它将以另一个箭头表示，与观察本身的箭头平行，但是，沿横轴一码远。为了方便起见（再一次，这是完全随意的），我们在时间零点开始观察，图形的两根轴在零点交叉。

现在，让我们将宇宙飞船加到图中。

宇宙飞船也以一秒/秒的速度通过时间在图中向上飞行——但是，它也有空间运动。它在我们静止不动的观察者附近的右边开始（很近，看起来非常危险），并朝太空飞去。为了让事情简单些，我们已经忽略了麻烦复杂的东西，如加速度。然而，这艘飞船已经开动，它开始立即加速。

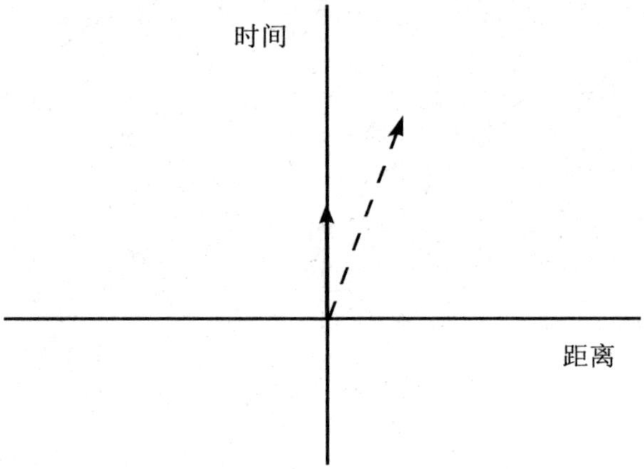

图 5.6　飞船加速离开

随着时间的流逝，它以稳定的速度离观察者远去，因此，我们看到一根笔直的直线。到目前为止，一切都很平常。但是，一束光又会怎样呢？它将是另一根直线，但是，却是一个非常特定的角度。

为了使事情真正的简单，我们将以年来衡量时间，以光年来衡量距离（即光在一年中移动的距离——约为5 870 000 000 000英里）。这意味着每过一年的时间，光已经移动了一光年。因此，表示光束的线将是45度，当它移动时，沿每根轴移动的距离刚好相同。

在图中，代表飞船的线必须总是处在代表光束的线上方。如果它在下方，在任何数量的时间内，它将包括比光更多的距离——它将比光运动得更快。

现在，让我们思索就飞船驾驶员而言的时间通道。从他的角度来看，没有移动的物体看起来像什么呢？记住，对地球上的观察者来说，就在他附近没有移动的物体必须紧随着他，随着时间流逝朝纵轴向上移动。垂直的时间轴，对地球上的观察者来说，是未移动物体箭头的同一根直线。同样，对驾驶员来说，没有移动的物体必须与他待在一起——必须与他一样在同一根直线向上运动。在这里，再一次，就驾驶员而言，时间轴与从他的角度看没有运动的直线——即与他的运动直线相同。与观察者一起坐在地球上，我们将驾驶员的时间轴画成他的运动直线，与地球上观察者本身的垂直时间轴非常不同。

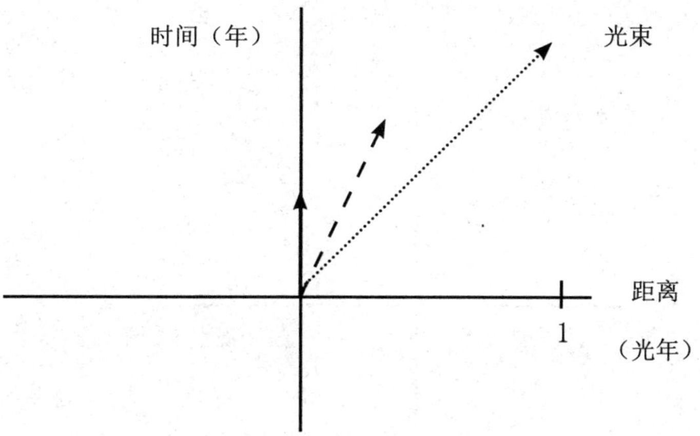

图5.7　光束

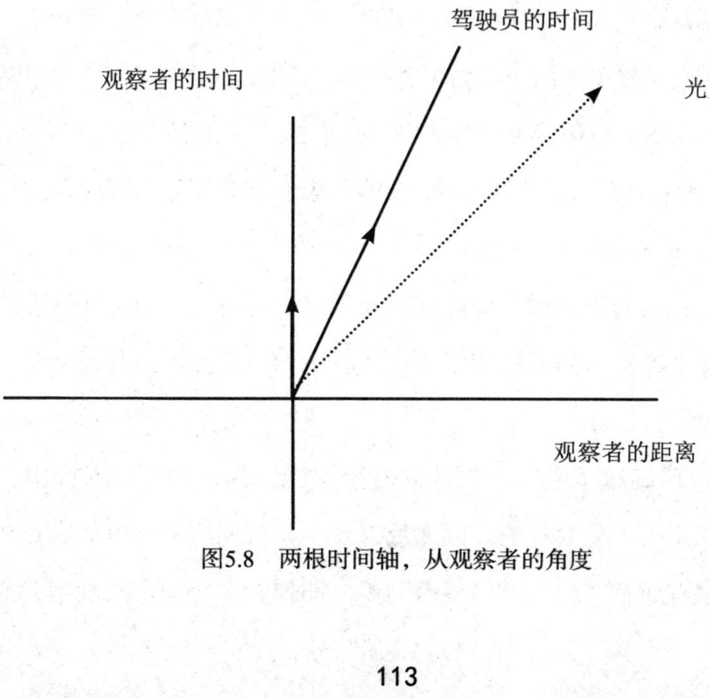

图5.8　两根时间轴，从观察者的角度

虽然我们关注的是时间，值得提醒我们自己的是，在那个图的水平距离轴上方，也只是适应观察者的角度——对驾驶员来说，距离看起来也是不同的。

现在，让我们虚构一个同时事件。爱因斯坦的实例是使用距离来测量同时性，他的两束闪电看起来与上面的东西有点像。

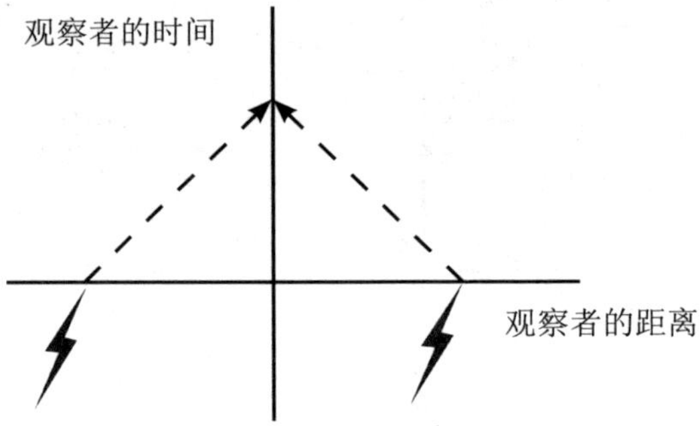

图5.9　爱因斯坦的闪电

这两束闪电都从时间零点开始。从这两个位置来的光朝相反方向运动，但是，都是45度角（以光速），最后，同时在观察者的位置相遇。

由于爱因斯坦原来的例子依赖光速和等距离来定义同时事件，要应用我们的飞船图，必须使用略有不同的测量同时事件的版本。我们还没有解决距离是怎样从地球观察者转化到我们飞船的，因此，我们需要采用不同的方法。

让我们看看图中各轴与时间零点交叉处的时间。因为光总是以相同的速度运动（在我们的图上以45度角），我可以说在时间零点前10秒发生的闪电，从一面镜子弹回，回到时间零点后10秒的同一地点，以与时间零点同步的时间弹回镜子。

实际上，这旋转了爱因斯坦的同时事件图，因此，它在时间上是对称的，而不是在距离上是对称的。因为反射发生在时间线上与时间零点相同的位置，就观察者而言，它与时间零点同步，即使它在空间上与观察者的位置是分开的。

让我们从飞船驾驶员的角度来看同时事件。此处，夹杂了狭义相对论的复杂性。请记住，爱因斯坦整个狭义相对论的发展是来自一个事实——光总是以相同的速度运动，不管观察它的人怎样运动。这意味着，我们看这些图之一时，从谁的角度看并不重要，光总是以45度角运动。当所有其他事物都在变化时，它是一个常数。

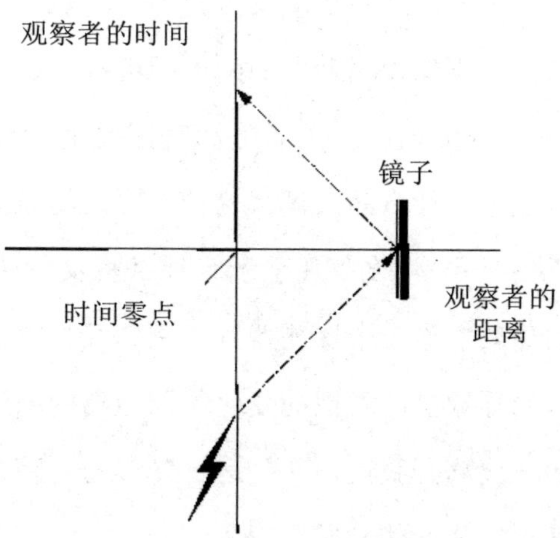

图 5.10　观察者的闪电和镜子

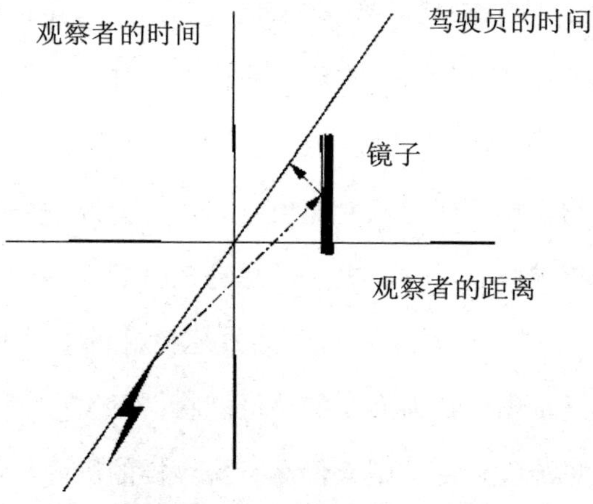

图5.11　驾驶员的闪电和镜子

正如我们以前所做的那样，我们确信当它在时间零点后到达时，闪电刚好从时间零点前同样的秒数开始——但是，这时，在驾驶员的时间轴上（而不是观察者的垂直时间轴上）的时间零点两侧，这两个点的距离是相等的。因此，从驾驶员的角度来看，镜子反射发生的时间刚好是时间零点的时间。它与时间零点是同时的。但是，看一看，要让光束以45度角运动，反射必须发生在什么地方呢？它是在观察者的时间线上的时间零点上方。就观察者而言，它后来在时间方面发生了改变。对地面的观察者来说，反射不再是与时间零点同时的——正如爱因斯坦的两束闪电不再是同时的一样。

对观察者与对驾驶员来说，飞船上的时间通道看起来不同，认识到这一点，是理解此处发生了什么的关键。这种不同经历了同时性的改变。

在正常的世界中，这种改变几乎没有什么意义，因为它是无法注意到的，但是，让我们想象发送一个探测器到太空，并将它加速到光速的合理比例。这种因它的运动导致的同时性的变化得到距离的强调。如果，例如，探测器以一半光速的速度离开我们，并到达十光年远的距离，从地球观察者的角度来说，它的钟将比我们的钟慢约5%年。

如果我发送一个即时信号到探测器，比如说，在2020年，相对我来说是在同一时刻到达，它将在时钟显示在2014到2015年之间时到达探测器。但是，这是相对论。从探测器的角度来看，我们的时钟运行速度缓慢。这种对称性的发生是因为从探测器的角度来看，探测器是静止的，而地球是运动的。如果探测器对它自己的即时信号作出响应，将会发生完全相同的效应。它将在我们的2009年被收到——总之，信息将在时间上倒转11年。

当讨论时间旅行时，或讨论通过时间发送信息的更简单的概念时，整个想法通常因为缺乏证据而被摒弃。如果可能将信息发送到过去，我们肯定会被来自未来的信息淹没？由于明天仍是石头一样的沉静，最美妙的假设是人们无法做到的。这是一种不可能性。（没那么美妙的原因是在进行通过时间发送任何信息之前，人类已消失了。）虽然，采用这种技术，与缺乏未来信息并没有什么矛盾。

任何依赖于爱因斯坦同时性的穿越时间的信息装置，必须有高速中继站，并且离地球距离遥远。那些钟必须有时间来逐渐形成差别。

在我们看到的实例中，探测器将花二十年的时间到达它的位置，比提供给信息的时间迁移的年限还要多。相对论的现实意味着：即时信息永远不可能回到发送即时信息的探测器发射之前的这一时间点。在我们能够接收来自未来的信息之前，我们必须已经建立这种技术。

这是这种技术的极端版本，是产生大型时间倒转所必需的。可能不需要那么远或那么快的速度将一则信息倒转几小时发送，赢得乐透奖——或者跳回去几毫秒启动自相矛盾的机器，在它发送启动开关的信息之前将其关闭。倒转的时间数量并不是焦点——仅仅是认识到这种技术可能破坏现实构架。如果有一种方法发送真正的即时的信息。

这是如此古怪和混乱，某些物理学家利用“因果顺序假设”（指的是痛苦的双关语“时间警察”）来谈论任何两种因果联系在一起的事件（一个事件引发另一个事件），必须总是以相同的顺序发生，不管你怎样玩弄时间。这是一种不可能概念的方便实验，但是，它并不是固定不变、不可改变的——有许多时间旅行的机理，没有违背物理定律，但是，只是不切实际（如利用中子星物质制成的巨大旋转圆筒）。因果顺序假设并不会使时间倒转交流不可能，它更像是学者对反对它的人扬扬眉而已。

因此，如果我们曾经进入过严肃的太空旅行，即时交流绝对是巨大的福祉，它还将使因果关系陷入危险之中。量子纠缠是否是提供这种不同寻常的双刃剑的工具呢？当然，这足够奇怪的了。

正如我们已经看到的，差不多每个听说纠缠的人一开始都会这样想，“当然，这可以用于以比光还快的速度发送信息”。但是，在失去对因果现实的把握之前，我们需要更深入一些。

不管纠缠能够做什么，在我们将一组纠缠对的一半实际上输送到通信连接另一端之前，它无法做什么。纠缠与广播不同，它更像是步话机。原来在同一个地方的一些粒子必须被分开，分别送到通信装置所在的地方。只有在那时，纠缠连接才能使用。

纠缠通信的第一个阶段必须涉及传统的、光速传输（或旧式火箭，在火箭上带一满盒粒子）。但是对它本身来说，这并不能阻止发送即时信息。它只是意味着在连接建立时存在延迟。在电报发明的初期，无法穿越大西洋以光速发送信息，直到缓慢、艰难地铺设了2 000英里的电缆。同样，一旦我们的量子连接两端有了它们的纠缠粒子，光速延迟现象将会消失。

现在，我们开始通过神秘的连接处理信号的现实性。比如说，我们将要利用最简单的纠缠。它对发送真实的信息并没有任何好处，但是，就像查比横跨法国海峡、叮当作响的砂锅一样，我们最好是对这个概念进行试验。

想象我们有两个纠缠的粒子，在我们通信连接的每一端各一个，与我们的摩尔斯电码的点或划相当的是粒子自旋。自旋，正如我们已经看到的那样，是许多粒子的属性，只有两个值——向上或向下——当在任何特定方向测定时。正如我们在第二章中看到的那样，由于量子世界的奇特性，在检查自旋前，粒子立即处于两种状态。

在测量后，它将变成向上自旋或向下自旋。让我们假设纠缠是这样的：当测定一个粒子时，两个粒子总是假设相对自旋。我们可以使用向上自旋为点，向下自旋为划吗？

不幸的是，不可以。想象我们通过检查传输站粒子的自旋来启动纠缠连接。它是向上自旋。马上，接收器粒子进入向下自旋状态。这就是我们的即时通信。在我们观察发射器粒子的瞬间，第二个粒子刚好从多重状态改变为向下自旋状态。但是，在我们观察前，我们无法知道发射器粒子的自旋是什么。在连接的远端，接收器粒子向下自旋的这个事实告诉我们，发射器是向上自旋——但是，那个信息并不携带任何信息。它是一个纯随机事件。

虽然，我们不应该放弃全部希望。典型的通信有两维——内容（以任何形式）和事件发生的时间。请记住，夏普电报的最初形式是在具体时间内通过综合单个信号（敲击砂锅或他的跷跷板的白色闪光）发送一个信息。我们的纠缠能够使用同样的技术吗？

如果我们就同步时间达成一致的方法（考虑任何相对效应），我们可以想象一个通信装置，由一排纠缠粒子组成。每秒（或毫秒，或无论什么），以秒为基础，我检查沿线的下一个粒子。如果它仍然纠缠，我登记一个1。如果因为有人已经在发射器端看了这个粒子，它不再是纠缠的，我登记一个0。粒子结束的状态是什么并不重要——纠缠的纯粹崩溃足够指示有些事情发生了。

再一次，我们得到了即时通信，其形式与那些连续吐出一系列字符的自动收报机纸带有点类似。

不幸的是，这种方法还有一个基本的缺陷。发现一个粒子是否纠缠绝不是无关紧要的。通常，这需要将两个粒子放到一起。然后，可能发现它们是否已经被干扰。但是，这对我们的即时通信装置没什么用处，分开的距离可能达数光年，两个纠缠粒子在相距极远的两端。

虽然，还有最后一个希望。正如我们在前一章中看到的，量子加密术的一个选择之一是分开两个纠缠的粒子，并向通信装置各发送一个粒子。两个粒子的连接性质用于建立随机的数集，然后用做加密密钥。但是，如果两个站能够确定粒子是否仍然纠缠（因此，确定信息是否被侦听），这种技术才有用——这一点通过纠缠粒子没有重新结合来解决。这肯定是一种进行远距离即时通信的工具吗？

让人难过的是，它不是。真实的情况是，两个站能够确定信号是否仍然由纠缠粒子组成，但是，只有通过在两个站之间以传统信息发送一则信息来解决——一则移动速度比光慢（相对）的信息，粉碎了任何即时连接的可能性。

因为我们的老朋友贝尔的理论（见第二章），可以检查粒子是否仍然处于纠缠。纠缠首次被证明存在是通过比较两种粒子的状态。同样，通过比较接收的粒子上的信息（以不会破坏密钥安全性的方式），可能确定纠缠粒子是否被侦听。

但是，关键是，必须通过传统的光速通道从一个站发送信息到另一个站，以进行比较。再一次，纠缠连接拒绝携带有用的信息。也许，时间警察确实在那里。

真令人沮丧——但是，当纠缠涉及到即时信息和时间倒转的信息时，这就是它的真实情况。是的，情况确实如此——如果你可以发送真正的即时信息（或任何比光速快的信息），信息将在发送前就已经收到。是的，情况确实如此——不管距离多远，纠缠的神秘连接都会立即发生作用。但是，不管你怎样努力尝试，都不可能利用那种连接来发送一则信息。这有点像画一个方形的圆，不管你采用什么样的灵活技巧，它不是某种能够做到的事情。让纠缠有用的唯一方式是以传统方式交流某些东西，最好是以光速把你带回到过去。

对某些观察者来说，这样并不够。他们担心，即使可以发送一则信息，仍然有些东西的运动速度超过光，有些东西使一个粒子与另一个粒子的行为发生反应。但是这种担心实际上遗漏了纠缠隐藏的内涵。

想象一下，我们有一块非常特殊、极度不自然、完全坚硬的物质。当我推动一端时，结果是另一端立即移动，而不是压力波沿物体向下移动。我刚刚以比光还快的速度进行了通信。从物体的一端到另一端的运动没花任何时间。（这非常类似于光的某些早期解释，当时，在光的实际速度被确定之前，人们认为光具有无限的速度。）

真实的世界并非如此。我们看到的物体与单个原子详细级别的物体完全不同。显然，固体物体实际上大多数存在开放空间。当你推一个“固体”物体的一端，如砖块，离你的手指最近的表面原子的运动，并不立即传递到砖块的另一端。相反，第一个原子只是离下一个原子稍微近了一点点。这增加了下一个原子上的力——一种以光速移动的影响，因此，它们也开始移动。这迫使下一层原子运动，依此类推。砖块不是作为一个整体移动，相反，它发生波动——但是，是以一种观察者看不到的方式，正如构成砖块的原子之间的空隙无法看到一样。

在某些方面，我们更应该将纠缠看做想象的完全坚硬的砖块。两个纠缠粒子与其说是正在通信的两个分开的实体，不如说是空间分离的单个实体。将纠缠想象成回避空间概念的某种事物，而不是某种跨越任何距离通信的事物，也许更有帮助。

回避空间是某种宇宙学家已经在很大程度上学会接受的事物。如果目前流行的宇宙初期历史的理论是正确的，宇宙经历了令人难以置信的巨大膨胀，就像一个气球，根本没花任何时间突然从几乎虚无扩大到太阳系的尺寸。如果真的发生了这种膨胀，它的速度远远超过了光速。但是，人们认为这是可以接受的，因为它只是正在膨胀的空洞空间，而不是以这种速度移动的实际物体：没有任何物体，因此，没有任何信息以超过光速的速度移动。如果只允许从受到相对限制的小出口膨胀，纠缠应该也是这样，这似乎是完全公平的。

好消息是，即使纠缠不能用于传输比光速更快的传统信息，纠缠的力量仍然具有非常巨大的价值。这一点在纠缠在量子加密术方面应用的方式中已经非常明显了，但是，当纠缠被引入到捣鼓数据的计算机世界时，这一点将变得更为明显。

Chapter 6
The Unreal Machine

第6章　虚幻的机器

现在，我平静地注视一切，

机器的脉搏；

深沉的呼吸，

一位介于生死之间的旅行者。

——威廉·华兹华斯（William Wordsworth），《西蒙·李》（*Slimon Lee*）

（译者注：这首诗找不到原中译本，不过，有些华兹华斯的诗集里有这首诗。）

通讯和计算机同步发展。IBM的查尔斯·班奈特（Charles Bennett）是第一个为纠缠的实际应用提出建议的人员之一，这没有什么好吃惊的。但是他的想法不是利用纠缠来改进通讯。到20世纪80年代，IBM和其他生产商和大学都意识到未来隐藏的巨大问题：电子计算机正在实现伟大的事情——即使人们预计它们的能力在另一个三十年或三十多年仍然能够提高，但是，显然，它们最终将停止发展。纠缠将为计算机提供我们目前只能梦想的未来能力。

计算机和因特网已经改变了我们的生活，它们无可争辩地比其他任何发明更多地改变了我们的生活。就拿写这本书来说吧。三十多年前，写书是一种完全不同、劳动强度更大的工作。文稿是用手写的，工作非常艰苦，需要改写几次，然后将文章交给煎熬文学的磨人机器——打字机。

如果你年龄较大用过打字机的话，你可能会觉得它们可爱，对它们怀有怀旧之情。打字机存在某些实在的东西。回车行干脆的沉闷声，压纸卷轴转动几个凹口时的嗡嗡声，都有一种让人感觉愉快的音调。至少打字机不会中病毒或崩溃或每隔几年就要购买昂贵的新软件。但是，这种怀旧的可爱光辉能够存在，是因为人们很容易忘记痛苦的出错和修改过程，如果错误太多的话，只得整页整页地丢掉，辛苦全都白费，更别提修正液、文字输出凌乱、纸张上每个字母都有凹痕以及打字时艰难的机械痛苦了。

打字机并不是唯一耗时费力的事物。要研究写一本书用的材料可能需要专门在图书馆花上几个月的时间。现在，许多研究可以通过在线完成——尤其是很容易获得的杂志和科学论文电子档案——而基于网络的图书目录使你无须旅行几百里就可以阅览想要的书。更重要的是，目前有许多项目正在将大学图书馆的数百万册书数字化，使它们可在线直接获取。对作家来说，图书馆仍是必不可少的，但是，获取图书的方法耗时更少、效率更高。

在计算机出现之前的时代，甚至在打字稿完成之后，仍然可能出现其他危险。一旦文稿提交并编辑（如果唯一的复本没有因邮件遗失的话），就需要有人重新将所有信息输入到排字机，这样，不可避免会在文稿中带入新的错误。如此循环继续下去。

就此而言，被信息技术改变的不仅仅是这些。我的生活用品是通过网络从超市订购送货上门的，我的书也是从亚马孙购买的。

我无须离开书桌一步，就可以知道当地电影院正在上映的影片，查询航空时刻表，订购机票和酒店房间，然后搜索目的地的地图。我可以收到地球另一端某人回复的电子邮件，时间比我写一封信并邮寄的时间还要少。这一切是这样稀松平常，真的很容易忘记计算机和无线电通讯对我们日常生活的改变是多么巨大。

想要了解这整个过程是如何开始的，并且欣赏量子纠缠使计算机发生改变的重要平行发展，我们需要回溯到维多利亚年代。在19世纪，并不需要经常大量收集数据。曾经有一些一次性的行动，如1086年的《末日审判书》（译者注：英王威廉一世(征服者)下令进行的全国土地调查情况的汇编。目的在于了解王田及国王的直接封臣的地产情况，以便收取租税，加强财政管理，并确定封臣的封建义务。1086年由国王指定的教俗封建主在全境进行广泛的土地调查。把全国划分为7—8个区，每个区包括若干郡。按郡、百户区、村的系统了解情况。调查内容包括当地地产归属情况，每个庄园的面积、工具和牲畜数量，各类农民人数，以及草地、牧场、森林、鱼塘的面积，该地产的价值等。调查结果汇总整理，编定成册，称《末日审判书》，意指它所记录的情况不容否认，犹如末日审判一样），提供了征服者威廉的新英国版图中村镇居民和财富的资料概略，但是这些行动花费巨大，历时数年才完成。

若没有详细的信息，现代政府和商业无法运行。随着人们对事实的要求增加，那些必须处理数字的人承受的压力开始越来越大。银行业务越来越复杂。工业从小作坊经营向数据处理要求更复杂的更大设施转变。而且政府已经养成了对统计数据，尤其是有关人口数据收集的胃口，其中最著名的是人口普查。人口普查的想法源于罗马，但是，美国自1790年，英国自1801年起，每10年都进行一次现代意义的人口普查。

人们还日益要求制定详细的数字表格——例如，直到20世纪60年代末用于日常大规模乘法的对数，或安全航行所需要的数据——都需要冗长的计算。

当时，唯一可利用的只有纸和笔，一大群书记员（或“计算员”，人们这样称呼这些书记员）辛勤地进行计算。这种方法不仅速度慢，而且容易出错，错误通常永远都不会被发现。

查尔斯·巴贝奇（Charles Babbage）非常具有远见卓识，他认识到一定可以采用其他方法来处理重复计算。巴贝奇是一位金器商和银行家的儿子，他生于1791年，从父亲那里继承了财产，因此可以做一名艺术爱好者度过自己的余生。当然，在他的时代，巴贝奇是社交圈中的焦点人物，他的许多工作似乎都只是炫耀他的能力的手段，只不过是为了给当时盛行晚会上的富人和名人留下深刻印象罢了。但是，巴贝奇聪明、受过良好教育，深刻意识到手动计算的实际限制。

到19世纪20年代，巴贝奇首先想到了自动计算这个主意，当时，工业革命已经开展得非常不错。机器已经代替了许多男人和女人的手工劳动，不管是将水抽出矿井还是操作织布机的复杂机构。在向计算世界引进机械帮助方面，织布机作出了重要的贡献。

巴贝奇的灵感通常可追溯到1821年的夏天，当时，他正在帮助他的朋友——天文学家约翰·赫歇耳（John Herschel）（发现天王星的著名人士威廉·赫歇耳（William Herschel）的儿子），检查一系列天文学表格。经过费力地计算那些让人心身麻木的数字组合，眼睛都快成斜视了，据说巴贝奇大喊道：“我的天，赫歇耳！我多希望可以用蒸汽执行这些计算！”

不久后，巴贝奇设计了一种称为“差分机”的机器，可以机械地进行这种重复计算。差分机根据一种复杂的齿轮机构制造，在刻度盘上输入一系列数字，从而可以在机器上建立计算。

一旦确定了初始值，转动曲柄（如果机器曾经真的很大的话，巴贝奇曾经希望在此点利用蒸汽动力），最后，敲击另一系列刻度盘，就得出了答案。巴贝奇制造了他的部分设计——发动机部分的工作模型，但是，他永远也没有完成整套装置，因为他已经想到了更大、更灵活的可能性。

差分机是20世纪60年代前在办公室和工厂使用的机械计算机的前驱。不要小觑了这些计算机的价值。没有它们，例如，原子弹项目不可能顺利开展；但是，机械计算机速度缓慢，严重受到限制。它们并不是现代意义上的计算机——差分机也不是。在机械计算机中，不存在任何与承担行动的硬件分离的程序来控制机器的所作所为，所有的东西都是“硬编码”到装置的物理结构中。所有的数据必须直接输入到一组嵌齿轮上，并从其他地方读取。这不是具有真正的计算机灵活性的通用机械。

巴贝奇从差分机抽身出来，投入到某种更不错的事物上去。对英国政府来说，这件事被证明是一次巨大的挫败。政府投入了1.7万英镑（按现在的价值算约合150万英镑）到差分机的开发上。英国当时可称为是真正统治海洋的国家——非常依赖准确的导航——对数据处理的需求迅速发展，以对付其日益扩张的世界帝国。因此，这种机械计算器本来对英国具有非常巨大的价值。英国需要差分机，但是，巴贝奇把它放到了一边，就像扔掉一个玩具。然后，它就变成了一个仅仅完成了大约七分之一的工作模型。

他对未来计算的新洞察力受到卑微的纺织工的织布机的启发。将图案织进布中——尤其是采用昂贵、超细的丝线——一直是非常缓慢的痛苦过程。两名织工一整天时间只能织出一英寸材料，这是司空见惯的事情。法国人是欧洲精通丝线编织的大师，他们第一个想到将这种过程自动化。最早的主意来自雅克·德·沃坎逊（Jacques de Vaucanson），他是18世纪40年代法国政府工厂的一名视察员。他设想采用与巨大的音乐盒不同的一种机制，控制进入织布机的丝线。在控制器内，当织出织物时，金属圆筒缓慢旋转。圆筒沿其曲面的长度布置有金属突出物，移动每根丝线的控制，正如音乐盒上的突出物拉动金属钟一样。

与手动控制织机相比，这明显向前迈进了一步，但是，这种装置仍然存在其局限性。每种图案都要求制造一个价格昂贵的圆筒，而且图案只能运行到圆筒周长允许的长度——超过这个长度，它将回到起点，并开始重复。到1804年，在德·沃坎逊的机械控制织布机流行起来前，约瑟夫·玛丽·杰卡德（Joseph－Marie Jacquard）的革命性设计认为其想法陈旧过时。约瑟夫·玛丽·杰卡德是一位著名织匠的儿子，他游手好闲，整天无所事事。

在这之前，在杰卡德的生命中，人们普遍认为他是一个废物，不论是对织布或是对机械装置似乎都没有兴趣，但是，他的新织布机不但改变了织布工业，而且也改变了他的命运。杰卡德的想法是在织布中引入利用材料的灵活性，如同羊皮纸和纸对写东西的灵活性。

如果你唯一的写字介质是石板，你在石板上刻写每个字母，那么，你在写字数量和写字用途方面都将受到限制。纸，原则上，可以永远保存，并可在任何地方使用。杰卡德并不采用德·沃坎逊提出的固定圆筒来控制织布机，他的灵感是采用一系列卡片对图案进行编程，对每个卡片打孔，确定某根丝线是否纳入编织中。卡片按顺序连接在一起（每个卡片采用原设计的材料与前一卡片连接），这样，一个接一个的卡片可以编织出长度无限的图案。

杰卡德不是第一个想到用卡片的人——早在1728年，一个不出名的织工范尔康（Falcon）已经想到了在卡片上标注图案。但是，范尔康的卡片并不能真正控制织布机。它们必须紧靠织布机机构用手将它们抓住——它们是一种用于手工纺织的图案，而不是用于自动控制的图案。但是，杰卡德的想法将要改变织布行业。采用杰卡德的织布机，一天能够织出的不是一英寸，而是两英尺材料，在生产率方面提高了2 300%。而且织出的图案可以比任何手工织出的要复杂得多。

到底可以织出多么复杂的图案呢？巴贝奇常常在他的社交晚会上，用他心爱的织布机对此进行演示：看起来似乎刻画的是工作的杰卡德，但是，实际上是由2.4万根丝线织成的图片，是异常精美的肖像。而且让巴贝奇印象深刻的不仅仅是杰卡德织机的编织能力。他跳跃的想象力意识到这种相同的机构可用在一种新的、令人难以置信的复杂计算机上，用于输入数据和程序。他将这种概念装置称为分析机。

巴贝奇在制造分析机上并没有走多远——在当时的机械精度下，建造这种分析机可能并不实际——但是，实际上，在机械计算机的概念设计方面，他确实付出了诸多努力。他甚至建立了每台现代计算机的特征概念，如将处理器和存储器分开。如果他当时不那么大男子主义，在分析机的开发过程中，他本来可以得到一位年轻女人的更多帮助。这个女人常常被认为首名计算机程序员。

艾达·拜伦（Ada Byron）是伟大的浪漫主义诗人拜伦的女儿。1843年，她27岁，翻译了一篇由意大利科学家梅纳布雷亚·费德里科·路易吉（Luigi Federico Menabrea）写的一篇有关巴贝奇的工作的论文（用法语写的）。艾达长期以来对巴贝奇和他的工作都非常狂热。她首次遇到巴贝奇时，只有17岁，立即被他的热情迷住了。两个人之间甚至谈到了结婚的可能，但是艾达的母亲决定要一桩势利的联姻，因此，在1835年，艾达嫁给了威廉·金勋爵（Lord William King）。后来，威廉·金勋爵于1838年成为洛夫莱斯伯爵（Earl of Lovelace），而艾达也正式成为艾达·奥左斯特·艾达·金·洛夫莱斯伯爵夫人（Ada Augusta Ada King, Countess of Lovelace）。

艾达·金（或通常被错误地称呼为艾达·洛夫莱斯）的痴迷引起了现代人们对她的兴趣，有人拍摄了一部关于她的电视纪录片，还有一种程序语言用她的名字命名。这种对艾达特殊作用的认同是她翻译梅纳布雷亚（Menabrea）论文的结果——或更准确地说，是她对这篇论文所做的一系列注释的结果。据说，她为这种分析机写出了程序——这有点夸张，但是，在她那篇是原论文长度两倍的长长的注释中，她显露出对分析机重要性及其可能用途的深刻理解。

艾达本来可以给予巴贝奇极大的帮助，并非她缺乏才能或热情，但是，她接近巴贝奇的方法被以一种冰冷的方式拒绝了，反映了当时人们对女人智力非常普遍的极端狭隘的认识。

巴贝奇并不比下面这个男人更存在性别歧视——但是，不幸的是，下面的这个男人是不折不扣的大男子主义。巴贝奇很高兴向“女性”展示他的机械玩具和奇妙的事情，但是，他并不期望女人，尤其是艾达，对技术的发展作出贡献。她不应对计算的发展作出进一步的研究。

从巴贝奇的分析机，不管是真实的还是想象的，正是打孔卡片本身向前高举自动计算的火炬，适合帮助最古老的统计学梦魇——整理统计学结果。将打孔卡片真正用于实际计算的人是赫尔曼·霍尔瑞斯（Herman Hollerith）。

霍尔瑞斯1860年生于美国纽约布法罗，他参加了1880年开始的人口普查数据的手动处理。当过度劳累的书记员埋头堆积如山的案卷时，显然，整个人口普查工作正处于崩溃的危险之中。要处理的信息增长迅速，人们担心到下一次1890的人口普查时，系统将达到崩溃点。需要花十年以上的时间来处理1890年人口普查收集的信息，这看起来完全可能。到1990年到来的时候，整个系统将在管理纠结中崩溃。必须做些改变了。

霍尔瑞斯熟悉杰卡德织布机，他发现了采用打孔卡片保持数据的潜力。织布机上的每个卡片都提供了一组指示——它代表了一系列数字。一旦数据在卡片上，它就可以在不同的图案中反复利用。如果每行信息都打到卡上，同样的卡片就可以为处理人口普查数据提供同样的灵活性。需要的只是一种机械装置，能够根据打孔位置选择卡片。

起初，霍尔瑞斯的装置所做的工作只是将卡片汇集到不同的箱子中，然后由手工计算。他想出了一种自动筛选人口普查数据的方法。但是，随着时间的推移，穿孔卡片机也能计算卡片，并将收集的数据制成表格。逐渐地，霍尔瑞斯的穿孔卡片制表机演变成了公司的机械计算机，从中发展成了他最初的制表机器公司——国际商业机器公司，后来仅以它的首写字母IBM为人们所熟知。从复杂的制表机的发展开始，计算机在20世纪取得了巨大的进步，机械过程被真空电子管代替，然后被晶体管和集成电路代替。电子计算机的发展史非常散乱。正如迈克·哈利在他的《电脑——计算机时代的曙光故事集》中指出，不可能准确地说出最早的计算机是哪一种，在美国和英国的竞争者就有半打，每一种都实现了某些“第一”。人们清楚的是在20世纪40年代和50年代，诞生了真正的、可编程的计算机，可以在存储器中保存数据和程序［冯·诺依曼系统结构，以伟大的美国数学家和理论学家约翰·冯·诺依曼（John von Neumann）的名字命名］。

后来，穿孔卡片本身被电传打字机代替，然后被视觉显示器代替（虽然周围仍有许多人采用携带“霍尔瑞斯字符串”的穿孔卡片计算）。但是，已经为变得越来越快、能力得到大大改善的计算机打下了基础。虽然，现代计算机与巴贝奇的分析机并没有直接的联系，但是，毫无疑问，计算机是那个非凡想法精神上的孩子。

计算机是如此强大，很容易认为，只要提供足够的时间和合适的硬件和软件，计算机的能力就是无限的。戴维·哈雷尔（David Harel）在他的《有限的计算机》（*Computers Ltd*）一书中援引《时代》杂志1984年的一篇文章称，采用合适的软件，计算机可以做你要它做的一切工作。作者声称，特定的机器可能存在局限性，但是软件的能力是无限的。可悲的是，他完全错了。

第一点，计算机硬件不仅仅是“可能存在局限性”的问题——而是将会出现某个点，到那个点后，计算机很难再继续进步。多年来，微处理器遵循的是称为摩尔定律的经验法则。摩尔定律声称计算机芯片上晶体管的数量定期将翻倍。这是英特尔创始人戈登·摩尔（Gordon Moore）（后来成为仙童半导体公司（Fairchild Semiconductor）研发负责人）于1965年仅仅根据几年的数据观察得出的，他认为，晶体管的数量——计算能力的原始量度，每年都要翻番。摩尔后来将他预测的计算机晶体管数量翻番的频率修订为每两年，四十年来，实际情况一直维持在这两种预测之间。

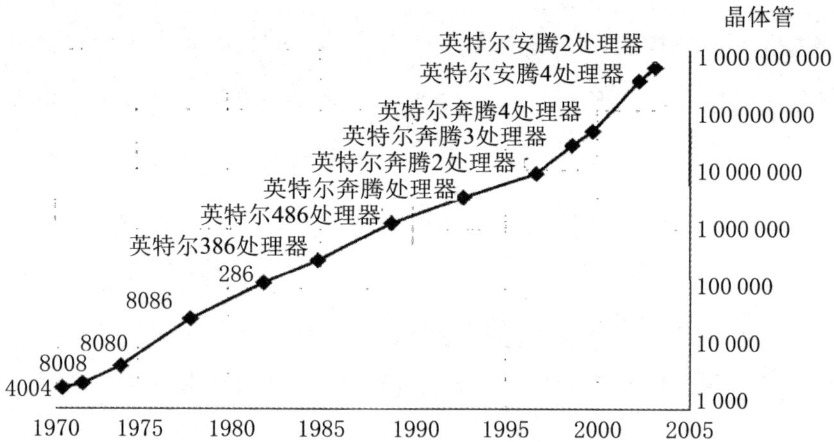

图6.1　摩尔定律的实际情况（由英特尔公司提供）

然而，物理极限将阻止这种稳定的进步永远继续下去。速度增加包括微型化增加，物理学认为存在极限，超过极限，首先变得不实际，然后是不可能。在某一点，计算架构将必须一次处理单个电子，超过这一点就不可能变得更小了。这并不意味着处理器的能力许多年不会保持继续增长（在写这本书的2005年，英特尔预测，在必须作出重要的改变之前，还有15年以上的时间）。生产商已经证明他们非常聪明，找到不同的方法将更多的东西塞进相同的空间，或改变芯片的拓扑学，这样，就可以得到更多的空间，如通过垂直以及水平来拓展结构——但是，极限最终会到来。

但是，更糟糕的是，在计算机上运行的软件从本质上说是有限的。早在20世纪30年代，艾伦·图灵，证明有些问题计算机永远也无法解决。艾伦·图灵是战时布莱切利公园中心的核心数学天才，破解了德国恩尼格玛密码机的秘密。而且，还有许多问题，虽然理论上是可以解决的，但是，最好的计算机要获得答案，也需要花比整个宇宙的生命都要长的时间。

回溯到20世纪70年代，人们认为，传统计算机的局限性将在并行处理中发现。不是通过一台计算机处理器进行计算，并行处理的概念是并行的机器将同时进行数千或数百万计算。虽然这类并行处理器经常用于专业问题（虽然很少是它们最初想象的规模），它们仍然不具有足够的多余能力，以成功处理余下时间中占用传统计算机的大量问题。并行处理器永远都不可能进入主流，很大程度上是因为，人们已经证明并行方法很难普及。

提供将通用计算机应用分配给各处理器这一纯粹行动吸收的功率太多。要真正有效地利用并行处理器，必须专门编写适合问题的编码。我们习惯于采用通用操作系统，如Windows、Linux或Mac OS等为我们的要求接受指令——不管是浏览网络或进行复杂的数学计算——交给它们让计算机的硬件来处理。

采用并行计算机，任务在各处理器之间分配的方式取决于问题，因此很难提供通用操作系统。然而，人们已经证明，必须根据问题调整系统操作的方式，这对灵活的商业应用没什么好处。虽然存在商业并行平台，如游戏站3（Play Station 3）中IBM/索尼/东芝的细胞芯片，它们只能加快简单的重复行动。这种芯片不能提供足够多的数量级变化，以应对真正庞大的计算问题。

然而，传统并行处理并不是唯一解决传统计算机数学局限性的方案。长期以来，人们似乎可以想象（如果不是实际的），计算机科学家能够利用量子世界的独特性来推动新一代计算机。早在1979年，美国的一位研究人员保罗·贝尼奥夫（Paul Benioff）建议，采用原子的自旋性质来模拟传统计算机。但是，我们已经在前文遇到过提出量子计算机概念的人：著名的理查德·费曼。

1981年，当费曼提出这个概念时，他当时已经是物理世界的元老级人物了。费曼是最初的原子弹研究小组的创始成员，并由于在量子电动力学方面的成就获得了诺贝尔奖。他有一个习惯，即偶然涉猎不同领域而迅速作出具有巨大影响的贡献，即使他本人也许对那个主题从未显露出任何进一步的兴趣。1959年，是费曼第一个想到细小的、自我复制机器——纳米技术。1986年，又是费曼，戏剧般地在“挑战者”号灾难的调查中证明了事故的原因是橡胶O形环在冷却时失去了弹性。费曼很有表演才能，他在电视台的照相机前，把一个小O形环浸到别人给他喝的一杯冰水中。

他对量子计算的贡献也同样离奇。63岁的费曼受邀在MIT关于物理和计算的会议上发表一篇主题演讲。他的演讲名称为“计算机模拟物理学”，后来写成了一篇论文，发表在《统计物理学杂志》上，标题是《作为物理系统的计算机》，他在文中提出了令人惊奇的挑战。计算机长期用于制造现实的近似模型，不管是用于控制汽车制造装置的排队模型或是天气预报员用的复数模型。但是，费曼建议还可以做得更多——计算机可以完全塑造实体世界（或至少是塑造部分实体世界。）

做到这一点的问题是在基本水平上，世界是在量子原理上运行的，而量子论取决于概率论结构。传统计算机不理解随机性——它们是“确定性的”。它们是牛顿宇宙的精确确定性，不是量子论的统计学预测。如果一台计算机遵循特殊的一组指令，则会反复发生同样的事情。通常这是一件好事情。如果每次你启动你的文字处理软件，弹出完全随机的控制集，启动一种同样随机的活动，这并没有什么帮助。

如果你在一个电子数据表中输入两个相同的数字，每次却得到不同的值，这也完全不那么让人欢欣鼓舞。但是，如果计算机要准确地反映量子世界，超越传统计算的能力，真正的随机性是必需的。

如果你做过任何编程，或甚至使用过相当复杂的电子表格，现在你也许会觉得我已经遗漏了某些东西。从Basic开始的每种程序语言都为程序员提供了随机的数字模块，提供的刚好是量子模拟正在寻找的东西。我的Excel电子表格，例如，根据帮助系统，有一个称为RAND的函数返回一个大于或等于0或小于1的平均分布的随机数。工作表每次计算时，都返回一个新的随机数。输入一个合适的代码位，弹出一个随机数。那么，问题在哪里呢？

问题在于，这种设施虽然对抽奖有用，或对于按随机顺序显示一系列相片有用，但它对制作量子现实性模型并不够。这是因为编写程序语言的人欺骗了你。那种随机函数并不处理真正的随机数——它产生伪随机数。

一般来说，随机数发生器是这样工作的：通过快速改变“种子”值（比如说，自1900年1月1日午夜过去的秒数），并将它插入一个公式中，得到以随机效应非常类似的方式跳来跳去的结果。如果你在一排中使用同样的开始点两次，你将会得到完全相同的结果——这个发生器并不是真正随机的。（这个开始点的活动通常被发生器自动从计算机时钟得到这个种子，而并没有让你知道，从而被掩盖起来。）

它并没有进行非常复杂的计算来得出似乎是随机方式的结果。简单地说，伪随机数发生器可以是某种像这样的东西：

下一数值 = （1366×前一数值 + 150899）模数714025

此处的“模数”部分指的只是此种情况下的输出结果是：任何将(1366×前一数值 + 150899) 除以 714025后剩下的余数。这可能就是你的电脑软件使用的技术，虽然现在已经有好得多的算法，包括松本真（Makoto

Matsumoto）和西村拓士（TakujI Nishimura）1996年提出的名字有趣的马其赛特旋转法（Mersenne Twister）。但是，不管传统计算机采用的是哪种方法，它都不是真正随机的。

在他1981年的演讲中，费曼讨论了通过将计算机本身的工作建立在量子力学的基础上来适当模拟量子效应的计算机的可能性。正如在20世纪30年代，阿兰·图灵（Alan Turing）描述了一种万能传统计算机，能够做任何普通计算机能够做的一切（虽然通常非常缓慢）一样，费曼推测可能制造一种万能量子计算机，可以完美地模拟量子系统。传统计算机并不具备适当模拟量子系统的能力，但是——费曼辩解道——在量子系统基础上制造计算机，将使其本质上能够模拟量子系统，因为它已经是一个量子系统了。

这种万能概念不管是否能够真正成为现实（图灵的万能机器并不是实际的计算机，因此，为什么费曼的万能量子机器要真正成为现实呢？这没什么道理），理查德·费曼已经点燃了在计算机核心使用量子效应的热情。

费曼本人从来都没有真正采取行动来研究怎样实现量子计算机。然而，费曼的想法帮助其他人思考用量子计算机来实现采用传统计算机不可能实现的目标。

在这里需要澄清一个可能让人迷惑的原因。“传统”电子计算机，那个放在你桌子上的普通箱子，已经利用了量子力学来工作，因此，有什么大惊小怪的呢？毕竟，量子论与电子混到了一起。本来，正如我们看到的那样，当穿孔卡片读出器使用电气开关和电路来操作和读出穿孔卡片时，计算机是机械的，然后是电子一机械式的。

然后出现了真空管（在大不列颠被称为电子管，译者注：原文“valve”是“真空管，电子管”的意思，此处为了区别，选用“电子管”）。这些是最初真正的电子装置。在任何计算机的核心，是一系列开关和流量控制。为了利用电进行计算，一个电路必须接通另一个电路——就是说，实际上，这就是真空所做的事情。在真空管内——一种像圆柱形玻璃灯泡、高度1英寸至1英尺的装置内——流过真空的电子携带电流，填满真空管。

在基础版本中，二极管，有一根加热的灯丝放出电子，在它们被吸引的真空管的下游有一块金属板。由于那块板并没有加热，它并没有喷出电子，因此，电流是单向的。在更复杂的三极管中（相当于晶体管的真空管），一个电路能够控制另一个电流更强大、接通或放大信号的电路。真空管的这种重要能力是成排的这些装置能够用于构成计算机的基本逻辑。

真空管非常好，但是，它们不稳定，变幻无常。它们的玻璃外壳很脆弱。用于产生电子携带电流的加热器会像灯泡一样被烧掉。而且真空管内的真空本身可引发问题。詹姆斯·布利什（James Blish）——第五章中谈到的小说《嘟嘟》的作者，写了另一个短篇，故事中写到发射探测器去探索木星的大气。

布利什写道，这些探测器不能携带电子（也就是说真空管），因为木星的大气压力非常高，以致里面压力低得多的脆弱管子将会爆裂。

布利什的时间安排非常糟糕，因为，这个故事发表一年或两年以后，晶体管走上了舞台。晶体管是固体元件，不需要内部充满危险的低压脆弱玻璃管，在木星的大气中不会有任何问题。

开发晶体管、克服真空管的脆弱性的关键是在一种称为半导体的晶体混合片中发现的。在电的世界中，大多数物质是导体或绝缘体。导体有许多电子在材料中闲荡，等着从一个地方自由地运动到另一个地方，让电流能够通过（最明显的例子是金属）；绝缘体，或非导体，如塑料、玻璃、陶瓷等，电子更紧密地约束在位置上，缺乏那种四处漫游的自由。

玻璃可能是一种良好的绝缘体，但是，制造玻璃的主要元素——硅，在其原始形式时具有完全不同的性质。它处于导体和绝缘体之间。它是一种半导体。这并不是说它能够传导一点电流，有趣的是，它有时能够传导电流，有时却又是绝缘的，无法传导电流，这取决于许多因素。

阻止半导体成为另一种绝缘体的主要成分是它携带杂质的分散。这些杂质是其他元素的微小碎片——在早期的半导体中，大多数是硼或砷——带入了多余的自由电子（或电子能够前往的间隙，称为“洞”）。

固态元件的最简单形式——固态二极管，有一部分故意加入杂质，增加自由电子含量（加入杂质的过程被称为“掺杂”）及增加洞的比例。如果对自由电子侧施加电流，电将流向“有洞的”一侧；但是，反转电流方向，则不会发生任何现象，因为洞已经填满，并停止了传导。

这种二极管由贝尔实验室的拉塞尔·奥尔（Russell Ohl）在20世纪40年代初开发出来，当时，差不多是出于偶然的原因，半导体的应用已经有一阵子了。人们已经发现，通过将细金属丝（通常是钨，灯泡中灯丝最常用的材料）跨过晶体，如方铅矿（硫化铅）或黄铁矿的表面，有可能获得无线电信号。这些原始无线电接收器因其细钨丝的外观而被称为“猫须装置”（他们从来都没有使用过真正的猫须）。奥尔从一系列这些猫须装置开始，逐渐改造部件，直到他得到了固态二极管。

到20世纪40年代中期，奥尔已经尽其所能，研制工作由另两名贝尔实验室的研究人员——实验家沃尔特·布拉顿（Walter Brattain）和理论学家约翰·巴丁（John Bardeen）接替。到1947年的圣诞节，这两个人已经能够向人展示与真空三极管类似的早期固态元件了。

那些在展示现场的人员，即使是最没有商业头脑的人，都很明显地看出，这种元件将会成为世界一流的产品，它需要一个合适好记的名称。他们漫不经心地取了笨拙的“表面状态放大器”，甚至是“微小的真空管（iotatron）”，后来，布拉顿和巴丁的同事约翰·皮尔斯（John Pierce）认为，开关电流的实质原理可以按前后颠倒的方式视为转移电阻（电阻是拦截电流的能力）——因此，取名为晶体管。

此处的现象并不仅是单个元件的能力，而是它拓展基本的固态、二极管的半导体电子的可能方式：首先进入晶体管，在晶体管内，通过施加电场改变半导体的导电性，然后进入集成电路，在集成电路中，成套晶体管和二极管能蚀刻在硅片的表面。

半导体芯片里面完成的作用是在量子级别上发生的。可以论证的是，甚至真空管也是量子装置，因为它们利用电子，但是基于半导体的固态器件依赖量子效应的独特性来发挥功能。当暴露在光中时，某些半导体甚至会改变它们的传导性，引入量子电动力学（见第59页），并使光敏器件，如数码相机成为可能。

那么，实际上，固态电子学一登上舞台，量子物理学就已经是混合其中的一部分了。没有量子效应，晶体管和微芯片将不会存在。但是要更进一步跨越到新一代计算机，需要大胆的想象。基本粒子——光子或原子或分子状态的实现——可作为计算机核心的位。

人们追求越来越小的微芯片，这也许不可避免地提出计算机在单个量子粒子级别上工作，因为最后已没有别的选择，但是，第一个想到这种计算机的是富有开创精神的英国物理学家戴维·多伊奇（David Deutsch）。这种计算机不仅比传统计算机更小、速度更快，而且能够承担其他计算机无法实现的操作。在他对量子论“多世界”诠释的热心支持（实际上，近乎狂热）中，多伊奇已经为自己获得了某种名气。“多世界”首先是由普林斯顿的研究生休·埃弗莱特三世（Hugh Everett III）于1957年提出的。

正如我们已经看到的那样，多世界理论诠释了量子世界的所有特性，它认为每次发生的任何事情，要么是宇宙对本身进行克隆得到一个全新的复本，反映事件的每个可能结果，要么存在一种复杂的“多元宇宙”，包括宇宙巨大概率波的所有可能状态。每次事件发生时，我们经历的现实在各状态间变换。戴维·多伊奇仍然是“多世界”诠释的主要支持者，他设法想到了一个虽然巧妙却极为不切实际的方式，来证明多元宇宙是否真正存在。

多伊奇设想制造一台具有自我意识的计算机。这不是那种古老的科幻小说喜欢的内容，一个像阿西莫夫的《二百岁的人》一样具有人类意识的机器人，而是一种更简单的机器，能够观察自己的状态。为了让它行得通，多伊奇意识到这台机器必须是量子计算机，其中计算元件是以量子对象为基础，因为这种计算机必须观察自己的工作，当它观察特定的量子状态时，评论自己“感觉”怎样，这是采用传统计算机架构无法实现的要求。

在更普通的量子论诠释中，具有自我意识的计算机将只知道一次测定的结果，但是，在多元宇宙中，所有结果将会发生，而且多伊奇相信计算机将了解每一个结果。这是一种非常微妙的概念。多伊奇是这样解释的：“[计算机]试图观察的是他[sic]自己的大脑不同状态之间的干扰现象。换句话说，在互相作用的不同宇宙中，他试图观察头脑中不同内部状态的效应。”

这个古怪的实验实际上是否能够证明多元宇宙的存在呢？对此，多伊奇思考了基于量子元件的计算机，并于1985年发表了一篇关于真正的量子计算机的论文。除超越了理查德·费曼的量子系统宇宙模拟器之外，他还证明量子计算机能做任何普通计算机可以做的事情，而且，关键的是，它可以利用量子世界的独特性来提供普通计算机无法提供的并行操作。

如果，传统计算机中不使用0位或1位，我们可以利用颗粒的量子状态作为一个位元，我们可以让计算机的一部分一次处于不止一种状态：一个位元保存的不是0或1，而是同时保存两者。1993年3月底，在伦敦的一次学术会议上，俄亥俄乡村的凯尼恩学院的本·舒马赫（Ben Schumacher）为这些量子状态位提出了一个名称“量子位”［它听起来像“杆位（cue－bit）”］。

如果有某种方法可以将问题载入一系列量子位中和一系列诠释结果中（正如我们将看到的，这些都不是琐碎的任务），我们也许能够只采用非常少的处理器，就可以同时进行数字非常庞大的计算。像大型并行处理器，机会在于对每个特殊的要求都必须单独开发操作系统软件，但是，采用量子计算机的回报是如此巨大，它将是值得的。

也许，量子位最初看起来并不是计算机前进的非常重要的步骤。量子粒子可以处于两种状态的叠加，这种奇怪方式使它同时具有两种可能值。

不过如此。普通位可以保存一个数值，因此，我们谈论的只不过是使它能力翻倍，不是吗？计算机的这种结果又怎样才能如戴维·多伊奇建议的那样，做到任何传统计算机无法做到的事情呢？在量子世界中，事情永远都不像它们初看起来那样简单，在这种情况下，复杂性是我们的优势。

就拿在EPR实验的变换形式中采用的、引发了整个纠缠讨论的光子偏振这个基本例子来说吧。一旦我们测定光子的偏振，那个偏振（至少在一个意义上）就具有了具体的方向。如果在同样的方向再次测定偏振，我们将得到它在那个方向偏振的100%的一致性。如果我们在与上述方向呈90度的方位测定偏振，再一次可以绝对确定，我们什么也得不到。当然，之间的测定构成了完全不同的、我们需要回到的事物，但是，让我们只考虑我们得到了100%一致性的简单方向。

实际上，偏振以一则信息、一个方向——特定平面的角度保存。但是，计算机将怎样以位来描述那个角度呢？为了保存信息，我们需要保存十进制小数（如45.334 216 62…水平顺时针方向的角度）。采用传统位，我们需要一个无限的数字串来准确描述那个方向。然而，所有信息可以被塞进一个量子位中。你可以说量子位是模拟的而不是数字的——它可以保存稳定变化的量，而不是以固定间隔增加的量化值。不仅如此，在理论上，在测定之前，量子位保存其他范围所有信息——你选定的任何角度的一个或其他偏振的概率。

惠普公司的蒂姆·斯皮勒（Tim Spiller）有一个非常有效的形象来描

述带双向选项0或1的传统位和量子位之间的差别。“经典位的图片只有黑或白两种颜色，但是量子位却具有你想要的每种颜色。”那是每种颜色，不仅仅是彩虹中的七种颜色，或高分辨率计算机显示器的数百万种颜色，而且是整个无限的可能范围。

对我们的量子位来说，将所有这种无关紧要的资料保存在量子位中，只是一件事情，但是，我们还需要用它做一些事情。这是一种既让人着急又让人丧气的想法，尤其是当你添加可以在许多量子位中一起保存的资料时。要保存异乎寻常大的数值组，只需要数量小得有点可笑的量子位。

我正在写这本书的电脑包含256兆字节随机存取存储器——按现代的标准来说少得可怜，但是，对大多数工作来说已经足够了。这总共是2 147 483 648位，因为每个字节是8位，而不是10位，但是，每个位只能处于两种可能状态中的一种。通过对比，仅需500量子位就可以表示比宇宙中的原子数量更复杂的、极其详细的数字。如果我们只保存那些每个数字占据256个传统位的数字的约数，这相当于在那些500量子位中保存32 000兆兆字节信息。（一兆字节约为万亿字节或1 000千兆字节。）

但是，其中有一个大大的“如果”——如果你能够利用那种量子信息的话，将信息输入到量子计算机或从量子计算机输出信息绝对不是什么简单的事情。通常，这个过程包括为每个积极使用的量子位捆绑几个量子位，以及利用强大的量子效应，尤其是纠缠。

想要知道为什么，只要想象单个量子位，愉快地坐在0或1状态的叠加中。如果我们测量它的数值，它总是得出0或1的结果。量子状态将提供得到特殊结果的概率，但是，测定只能得出结果0或1。如果我们扩展蒂姆·斯皮勒的黑白一彩色比喻，这有点像在古老的黑白电视上观看世界。我们知道，世界确实有五彩缤纷的颜色，但是，我们在屏幕上看到的只是黑白两种颜色。要读出量子计算机的结果，我们必须在那个令人沮丧的黑白色中窥探彩色操作。

这也许意味着量子计算机是海市蜃楼——听起来挺好，但是，一旦你试图利用它，一旦你窥探黑白电视时，那里却没有什么可利用的。幸运的是，它并不是海市蜃楼。利用量子计算的力量，仍然得出结果——只是没那么简单。应付这种情况最平常的方式是：一个非常复杂的问题，答案简单得多——也许是“是”或“否”。我们永远不需要了解实际计算的复杂性（实际上，若不破坏整个过程，我们无法看到详细情况），但是，我们可以看到结果。在其他情况下，纠缠可能用于将量子计算机不同的部分连接在一起，并得到更复杂的结果——但是，我们应该永远都不藐视这种挑战存在的困难。

在许多方面，21世纪初期的量子计算机状态和艾达·金（Ada King）100年前想象利用的机械力学计算机之间存在一种平行。我们知道，我们可以利用量子计算机做许多事情——比任何传统计算机能做的事情都要多。如果我们拥有一台真正的量子计算机来计算的话，我们甚至知道如何进行某些其他计算机无法完成的计算。但是，到目前为止，我们还无法制造量子计算机。理论和实践之间是如此充满戏剧性的矛盾，毫无疑问，许多严肃的科学家对量子计算机的论述比任何其他不存在的技术都要多。

我们知道，实际中可能实现的最简单成就是将两个能用的信息位塞进一个量子位中——量子计算机科学家为此冠以过于戏剧化的标题“密集编码”。只要我们能够驾驭那些量子位核心中无限长的数字，这种可能性应该就没有什么让人吃惊的了。实际上，100多年前，一位无穷集方面的大师，德国数学家乔治·康托尔（Georg Cantor），就已经有效地证明了这种结果。

康托尔是一个天才，他被这个系统打败了。他本来应该是19世纪逝去岁月中德国学术界的一颗流星——相反，他隐身在德国的哈勒大学。如果康托尔曾经是一名音乐家，这将不会是一件糟糕的事情，因为哈勒大学在音乐方面久负盛名。然而遗憾的是，当音乐遇到数学时，音乐退居其次了。让事情更糟糕的是，康托尔被禁止在当时大多数著名的杂志上发表文章。虽然康托尔确实有一些奇怪的想法，但是只有这些想法，他的工作和事业也不至于长期受到阻碍。而是由于与著名的数学家莱奥波德·克罗耐克（Leopold Kronecker）长期争论，他富有想象力的工作受到广泛的批评。

克罗耐克在任何方面都与康托尔这样的独创性思想家不同，但是，他有强大的政治背景。克罗耐克一开始时是康托尔的良师，后来起来反对他的学生。他一开始觉得困惑，后来对康托尔关于无限性的想法觉得恐惧。克罗耐克是一个只相信整数和由整数得出的分数的人。他并不接受存在"实"数——永远循环且不需要以整数比表示的十进制小数——这一观点。然而，康托尔的整个无限方案是以实数为基础。康托尔证明，例如，通过非常简单的证据，0和1之间的小数比整数的无限集都要多。根据康托尔的这种发现，一种无限大于另一种无限是可能的——这是一种被克罗耐克积极唾弃的想法。

这是如此异乎寻常的结果——而证据又是如此惊人的简单——在这里，我们值得偏离一下主题，去看看康托尔是怎样做到这一点的。

下面的描述比原版本稍微简单点，但是它解释清楚了康托尔思想的纯粹力量和简单性。想象一下我们决定生成一个表格，在表格中我们记下0和1之间的每个数字——每一个存在的十进制小数。显然，实际上这不可能做到，因为表格将无限长，但是，原则上请想象这样做。

如果即使在原则上可能生成这样一张表格，康托尔也可以证明这种数字集的大小和整数集的大小相同。最初他在数学上的主要突破之一是如果你能够完成其中一个数集，并且将其中的每个数字与另一个数集中的相当数字成对配置，可以证明两个数集的大小相同（或者，按数学术语来讲的话，它们具有相同的基数）。想象一下，例如，将狗的腿与《圣经·启示录》中的骑士配对。即使你不知道两者各有多少，通过将一条腿与一个骑士配对，并且最后没有多余的，就可以知道数集大小相同。

康托尔认识到，如果一张表格能容纳0和1之间的每个小数，那么，他就可以在这个表格中一次输入一个数字，并将其与一个整数配对。这可以证明两个集的大小相同。这似乎是一个很明显的结果。然而，康托尔发现一种方法来证明这种配对永远不可能实现。

想象一下，我们沿按随机顺序排列的0和1之间的小数表向上爬。这很简单，因此，我们可以在纸上表示出表格中的前几个输入数字。否则，第一个输入数字将是0.000…，一直到无限，第二个输入数字将是0.000…，一直到无限，最后一个数字是1，依此类推——至少可以这样说，要在一本有限的书中表示这些数字，那是不切实际的。下面是表格开始的几个数字：

0.485 025 298 8…
0.095 382 231 9…
0.777 394 301 5…
0.386 493 220 3…
0.529 893 264 1…

图6.2　康托尔位于0和1之间数字的随机顺序表格

一旦我们得到了这些数字，我们就可以看到，在看起来非常复杂的问题提出简单的解决方案方面，康托尔显露出了他的天才。他通过利用第一个数字的第一个小数位虚构了一个新的数字，第二个数字的第二个小数位，依此类推，一直到整个表格。

在这种情况下，数字是0. 497 49…

然后，他在每个数字中加入1（1加9等于0）得到一个新的数字0. 508 50…。

现在，这是个不同寻常的数字。显然，它不是表中的第一个数字，因为第一个小数位不同。这是我们定义新数字的方式。显然，它不是表中的第二个数字，因为第二个小数位不同。在整个表格依此类推。我们刚刚产生了一个不在表中的数字。在任何地方，康托尔已经用这种简单奇妙的证据证明了即使在原则上，也不可能生成一张包含0和1之间每个小数的表格。0和1之间有太多的数字，无法将它们与整数一一对应，其数量比整数的整个无限性还要多。康托尔证明了0和1之间数字的连续统，表示了新的无限性，比基础的无限性更大。

一旦康托尔利用不需要任何数学的证据得出这种惊人的结果，他继续在一维之外扩展他的工作。0与1之间的数字可以被视为一维线中的所有点，一种数字线——想象一根尺子，划分出0和1之间的每个数字。康托尔想把他的工作延伸到一个平面或一个立面——或任何你想要描述的任何维数结构中的点的数量。我们在学校都学过，要在平面上确定一个点，我们需要两个数字——坐标。这通常称为笛卡儿坐标，是以法国哲学家勒奈·笛卡儿（René Descartes）的名字命名的，虽然，在笛卡儿时代很久以前，通过两次测定在图纸上表示一个点的基本概念就已经广为人知了。康托尔利用这种非同寻常的简单性证明：我们所有人一直都被骗了。在一个平面上，你并不需要两个数字来代表一个点（例如，图坐标），你只需要一个数字。

比如说，我们有一个点，在*x*轴上表示为0. 534 19，在*y*轴上表示为0. 829 48。（在数学中，水平轴一般被标为*x*轴，垂直轴一般被标为*y*轴，这没有什么原因）。康托尔证明，这样一个点可以独特地用一个数字来表示。让我们将*y*轴坐标加粗：0. 829 48。现在，我们需要做的是改变两个数字之间的位数，得到一个数字0. 583 249 149 8来代表那个点。当然，你会说我们被欺骗了，因为新数字是原来旧数字的两倍长。但是，它仍然只是一个实数——而且我们只需要一个数字来表示位置。

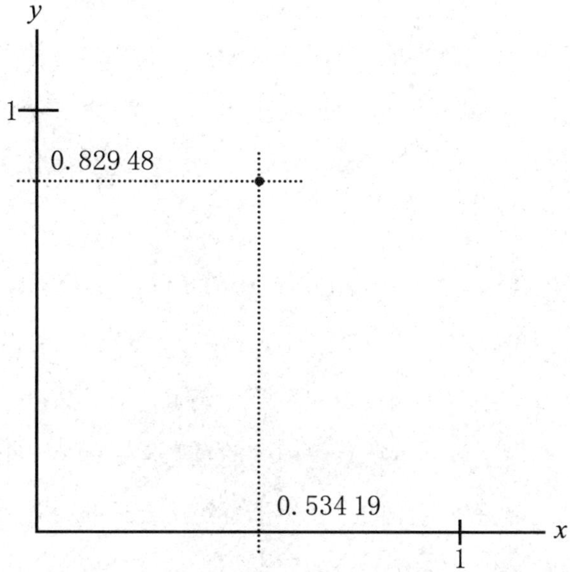

图 6.3　用笛卡儿坐标表示两维空间的一个点

即使x和y坐标无限长，我们仍然可以得出一个无限的数字来准确规定数值。由于直接讨论无限性不切实际，这可能变得相当复杂，但是，下面有一个简化的版本：如果x坐标是0. 333 333…（其中…指的是它一直继续到无限），y坐标是0. 777 777…，那么，这个数字是0. 373 737…。

如果存在某种方式可以触及和修改位于量子位核心的无限长的数字，量子位携带两位信息就很稀松平常，或实际上你愿意要多少位就可以是多少位。（康托尔的论证工作同样适合三维，或n维——只要将不同坐标交错。）密集编码不能实现这一点，但是，它确实让我们可以使用比简单的0或1值更多的量子能力——实际上，足够保存通常需要两位来保存的信息，并提供0、1、2或3的有效选择。

涉及的过程有一点混乱，但是原则上并不很难遵守——而且它利用纠缠。我们从两个纠缠光子开始。

计算机的一部分想要在一个量子位中发送两位信息取得一个光子，作为量子位，并对它进行处理。对每个要求的不同值，量子位经历一个稍微不同的操作。为了得到0，不对它进行任何处理。为了得到1，需让它经历一种量子门；要得到2，使其经历另一个量子门，依此类推。我们一会儿将回到量子门是什么的问题——现在，只要将它当做一个以某种方式改变量子位的特殊黑盒子。

给定一个量子位，你无法读出它经历的是哪一个量子门，从而利用它的四种可能值。但是，将量子位的测定和纠缠光子的输入结合，就可能区分量子位经历的状态。虽然在测定中使用两个光子，但是只有一个光子首先被处理，并形成需要发送到计算机系统周围的量子位——另一个光子——纠缠的载体，在要求之前是不活跃的，在量子位经历合适的门并派遣到计算机周围之前，早已经被发送到其最终目的地。

实际上，甚至密集编码的“买一送一”能力已经证明，它在实践中的实现比在理论上要难。当因斯布鲁克大学的小组（包括量子纠缠世界中最持久的实验者安东·塞林格）将一个系统放到一起来证明行动中的密集量子位时，他们发现，四种状态中的两种状态是无法区分的——在量子位中并非得到四种数值，他们仅仅得到三种数值，这个数值有时被称为“三进制数位”，以将它与传统的两数值位区分开来。这并不意味着不可能实现全部四个数值，但是，到目前为止，实验人员一直无法得到这个结果。

如果密集编码是量子计算的总实现，这将是一个非常有趣的想法，但是这并非什么令世界震撼的想法。

然而，目前也存在强大的、可以编到量子计算机程序中的算法（如果只有我们有一个算法需要编程的话）。算法能够完全改变我们处理信息的方式。

一种算法是一种数学工具，比名字听起来简单得多：它只是一种用于数学上得出结果的方法。一种算法由一组利用某种数据输入运行，从而得出结果的规则组成。算法可以是我们小学学到的将两个数字相乘的方法，或某种复杂的算法，如航空公司用于确定如何将不同的物品塞进货运集装箱中，以最大程度地利用空间的算法。

1996年，贝尔实验室朗讯科技的洛弗·格鲁弗（Lov Grover），想出了一种方法，极大地加快了未排序信息数据库的搜索（这种搜索通常是一种噩梦般慢的操作）。他的方法第一次在1996年的计算理论年会（ACM）大会上提出时，被平淡地描述为“数据库搜索快速量子机械算法”，但是，格鲁弗后来将有关这个主题的论文发表在通常严谨的《物理评论快报》上，并采用了很有幽默感的标题——《量子力学助您大海捞针》。

这种平静的幽默感是他本人非常文静的说话方式的典型写照。洛弗·格鲁弗出生于印度鲁尔基（小镇），并在德里学习成为一名电气工程师。当他移民美国时，这仍然是他的想法，但是，当他获得斯坦福大学的博士学位后，格鲁弗对物理学更纯粹的问题的兴趣和对工程实用性的兴趣一样浓。

1994年，格鲁弗加入了贝尔实验室，这是少数几家他可以自由研究量子算法的商业机构之一。

当格鲁弗接受采访时承认，“我很幸运能够在像贝尔实验室这样的公司工作。甚至在朗讯度过危机期间（贝尔的母公司），我们仍然从事前瞻性研究……前瞻性研究仍然受到重视。也许没有二十年前那么受重视，但是仍然受到重视。”

格鲁弗在贝尔实验室听说了量子算法的想法，而且，用他自己的话说：“我差不多立即得出了搜索算法。”格鲁弗认识到，要像谚语“大海捞针”那样进行搜索，唯一应该很好建立的是量子计算机。或者也许比大海捞针稍微更现实一点——大海甚至缺乏未排序数据库的结构。让我们想象，而不是我们真拥有一个巨大的衣柜。在衣柜的100万个抽屉中，仅仅只有一个抽屉内有一根针。我们要怎样找到它呢？由于抽屉完全是随机布置的，要找到这根针，只有一个接一个地打开抽屉，没有比这个更好的方法。最糟糕的情况是，如果真像传奇的摩菲定理提出的那样，事情总是往最坏的情况发展，那么，我们可能不得不打开999 999个抽屉，然后才找到那个放针的抽屉。

当搜索未排序的数据库时，完全同样的事情将会发生——数据库的每个记录对应一个抽屉。保存我们想要的那则信息的记录可能在数据库的任何地方。通常，仔细建立的计算机数据库包含排序的索引——但是，现实世界中存在许多未排序的数据库。如果你想享受处理未排序数据库的快乐，在传统纸质电话号码簿中随机取出一个电话号码，并试图找到是谁的号码。这毫无乐趣可言。而且，除电子搜索的所有奇迹之外，世界上大多数数据并非保存在良好、排序的数据库中，而是处于无组织的混乱状态。

这是一个似乎无法解决的问题。这与你的传统计算机的程序的聪明程度无关，它仍然一次只能找到数据库中的一个输入，寻找那根虚拟的针。好吧，你的搜索程序也许比较幸运，第一次就找到了合适的记录，但是，这种概率只有百万分之一。平均来说，计算机必须检查那些输入50万次来得到答案——最坏的情况是999 999次。但是，量子世界，正如我们将要期待的，与此迥然不同。格鲁弗证明，采用某些俏皮的数学，量子计算机只要搜索与数据库大小的平方根相当的一组项目即可成功完成搜索。对一个具有100万个项目的数据库来说，只需要1 000次——可能比搜索整个数据库少了998 999次。

虽然范围宽广，但是，这一点不仅仅只在搜索传统数据库方面有用。随着我们可以利用越来越丰富但未经过组织的信息，采用量子计算机为新一代搜索引擎，如Google（谷歌）提供支持，不仅可以筛选万维网，而且可以筛选你访问的每个文件及世界上的每个图书馆，这一点非常不错。在2000年，格鲁弗又想出了第二种算法，进一步强调了他的工作的中肯性（如果量子计算机被制造的话）。这第二种算法表明了对现实世界中非常普通的模糊搜索，尤其是以人的记忆为开始点时，量子计算机是怎样提高到这种非凡的速度的。

格鲁弗提供了一个在电话簿中寻找某个人的例子。也许是前几天你碰到的某个人。你记得他的名字是约翰，而且他有一个普通的姓，但是你无法准确地记起那个姓是什么。比如说，你认为他姓史密斯的概率是50%，琼斯的概率是30%，米勒的概率是20%。

你还记得他说从他的公寓可以看到百老汇，你还注意到他电话号码的最后一个数字与你的医生的号码相同。仅凭借这些模糊的信息处理松散的现实世界要求已成为典型的开端，格鲁弗的新算法使量子计算机能够以比任何传统搜索方法都要快得多的速度得出正确的结果。

有许多传统计算机在任何合理的时间内都无法完成的问题，但是，同样的量子算法只要稍加改动就可以使它们的解答变得容易。目前，要为大型机构设计一个时间表，不可能做到完美，因为要在复杂的道路网络上找到连接系列目的地的最短路线。对于宣称可以为任何旅行找到最合适路线的软件用户，如微软地图的用户来说，这也许是一个打击。

为了解决这种问题，像Streets & Trips微软地图这样的程序必须依赖估计。如果你喜欢的话，也可以称它们为高级猜测。这并不像它听起来那么糟糕。这有点像用你的大拇指来估计一块木头的长度。你可以用拇指测量长度，得到合理的近似结果——实际上，你的猜测差不多可以精确地确定到大拇指（如果木板不太长的话）。同样，而且更准确，如果提供旅行方向的路线计划软件采用的方法果然得出一个答案（而且，从统计学上来说，有一些路线，它们永远无法找到合适的方向），它们可以显示得到最佳答案的某种范围。但是，这种方案仍然是近似的。格鲁弗算法的发展使这些恶魔般复杂的问题完全可以得到解决。

人们已经想出了其他量子方法，对付同样耗时但重要的数学问题；这些量子方法的最重要之处在于得出了许多大数的因数。

实际上，这两种应用——快速搜索和分解大数的因数——在它们之间都存在量子计算的巨大希望，虽然，量子计算仍然有许多未被发现的其他用途。据洛弗·格鲁弗（Lov Grover）称“并不是每个人都同意这一点，但是，我相信，还有很多量子算法等待着人们去发现”。

虽然，对今天的用户来说，量子搜索具有最明显的价值，然而，美国电话电报公司（AT&T）彼得·肖尔（Peter Shor）发现，量子计算机可以极大地加快大数分解成因数的速度，从而使量子计算进入许多计算机科学家的首要议程；但是，他们对量子计算的恐惧多于热情。

彼得·肖尔1959年在纽约出生。在加利福尼亚理工学院获得学位和在麻省理工学院获得博士学位后，他到美国电话电报公司（AT&T）贝尔实验室工作。他在传统计算机的算法领域和概率领域工作了几年时间。但是，1994年，肖尔想到了一种算法，能够使量子计算机以一种传统计算机无法与之匹敌的方式来分解因数，这在计算机科学圈引起了非常大的震动。这是某种他们一直希望实现但无法实现的事情。

让我们回到本章开头勇敢地面对崭新的、因特网连接的、计算机驱动的世界。在这样一个世界，我们都热切地希望获得更多开放的信息。如果撰写的每一本书，每一篇学术论文，每一份报纸，以及每一本杂志都可以立即在网站获取，那不是很伟大吗？其中有些事情目前正在发生。例如，搜索引擎谷歌（Google）后面的公司，打算在大学图书馆的帮助下将数百万本书数字化，同时，越来越多的杂志和文件，只需点击几下鼠标立即可以在线获取。如果曾经出版的所有东西都可以在线获取的话，那将是极为丰富的资源

（也许需要最有效地利用格鲁弗搜索算法的超高速搜索）。

这种公开访问将赋予普通大众阅读、比较、核对获得关键信息的巨大能力。然而，这种信息真正自由的画面有其阴暗面。

你需要每个人都可以获得任何地方的每一则信息吗？未经思索的反应可能是，“是的，我没有什么可隐瞒的，因此，为什么别人就应该呢”？但是，实际情况是响亮地回答“不”。正如我们在第四章中看到的，我们每个人都有自己的秘密，如我们的信用卡号，我们想要隐藏不让别人知道。有些人想要保护他们作品的版权。因特网盗版和获得内部保密信息的障碍是很难推导出非常大的数字的因数，而这刚好是量子计算机可以比任何传统计算机都要快得多的一个领域。

任何时候你发送一封加密电子邮件，或当你输入你的信用卡号时，在你的网络浏览器下方会看到一个表明处于安全连接的小锁，这时，你正在利用的是最聪明的保密技术设计方法。正如我们在第四章中看到的那样，发送秘密最安全的方式是使用一次一密密钥。如果密钥和信息本身一样长，而且密钥中的信息是真正随机的，信息就无法被破解。完全不可能被破解。

然后，问题就变成了不被拦截地发送密钥本身——实际上这个密钥本身就变成了一个秘密。如果存在一个公共秘密/秘密密钥系统，这个问题就可以解决。在这样的系统中，用于编码信息的密钥每个人都知道——因此，可以在任何地方公开，任何人都可以使用它来隐藏信息内容。

但是，用于解码那个加密信息的密钥，是与公共密钥不同的密钥，只有接收方才知道。这个信息仍然是秘密的。

想象一下，我有一种特殊的、自密封材料，只能使用某种奇怪的刀子才能切开。只有我有那种刀子。我可以把一堆材料送给世界上的每个人。如果他们想要给我发送秘密信息，他们只要把它包在那种特殊材料中。任何人都可以做到。但是，只有我有这把奇怪的刀子，我是唯一能够打开包裹、阅读信息的人。公共密钥就好比是特殊材料，而私钥就像是我的奇怪刀子。当然，我必须先把特殊材料分发出去，但是，那并不是什么秘密——任何人都可以拥有它——一旦我分发出去，我就可以安全地接收信息。为了将它发回去，我们必须进行相反的设置——我利用其他人可以自由获得的特殊材料，而其他人有他自己的、不同的奇怪刀子。

作为一种解决方案，这似乎在安全方面有许多用途，就像是挥舞着魔杖，说出安全咒语；但是，1977年，麻省理工学院计算机科学实验室的三名人员认识到有一种实际方法可以使魔法变成现实。他们开发的技术——RSA算法，以他们姓名的首写字母命名（罗纳德·李维斯特（Ron Rivest）、阿迪·萨莫尔（Adi Shamir）和伦纳德·阿德曼（Leonard Adleman））。而这种算法的变化形式，是现代所有以计算机为基础的高级安全的核心。

顺便插一句，这种算法本来应该可能被称为CRSA算法，因为这种方法起初是位于切尔滕纳姆的英国情报中心政府通讯总部（GHHQ）的克利福德·柯克斯（Clifford Cocks）提出的，比他们早三年。不幸的是，柯克斯是为他的政府工作，这种算法被认为对国家安全非常重要，因此，他的发现被当做机密保护，直到1997年才公开。那时，已经太迟了，无法再对名称RSA做些什么（或者是对专利和版税做些什么）。

RSA算法过程包括许多大型计算的许多阶段，但是，它没有包含任何超出典型台式计算机能力范围的东西。秘密信息的接收人采用两个非常巨大的质数（只能被自己和1除的数），并将它们两个相乘，结果是甚至更大的数字。将这个结果及第二个随机选择的数字与世界共享，但是，只有接收方知道原来的质数。秘密信息采用这些数值以实际上不可逆的方式进行加密，并不知道首先进入方程中的这两个质数。因此，任何人都可以加密，但是，只有接收者才能破解并阅读信息。

当然，这种系统存在一个缺点。它当然不像一次一密的密钥那样不可破解。要破译信息，除公共密钥之外，你只要知道是哪两个质数相乘得到了那个公共密钥的较大部分。原则上，RSA密码总是可以破译的。如果最后采用的数字比较小，破译密码将是小事一桩。比如说，密钥是15；超级计算机花不了什么时间就可以算出两个质数是3和5。

但是，RSA利用二进制空间64和4 096位之间的数字。它可以一直继续下去，但是，在4 096位被认为非常安全——请记住，在其进入4 096位后，你可以得到一个比1的数字后面加上1 200个零还大的数字。其中的0就像本书一页上的字母那么多。在他们的研究中，在某个时间计算机的速度有多快并不重要；可以使密钥足够大，要想将密钥分解成质因数需要进行数千年的计算。但是做出那种假设是基于我们采用的是传统计算机。

进入量子计算机。请记住，找出普通计算机只能梦想的因数是量子计算机已经得到证明的能力之一（如果制造出一台量子计算机的话），这正是量子计算机带给计算机安全领域的一个噩梦。

当然，这种高速因数分解有许多积极的应用，量子加密术取代RSA式的加密术，也是真实的，但是，运行量子算法、破译公共密钥加密的能力，对网络世界有着非常巨大的影响。

也许人们面对量子技术给计算机安全造成影响，最大问题在于：罪犯和被保护的个人之间缺乏对称性。所有的迹象表明，量子计算技术将是昂贵的、复杂的，至少一开始是这样。因此，并不是每个人都可以利用量子技术。但是，破译加密的能力，只需要由几个人掌握就可以造成巨大的破坏。为了对此进行保护，每个用户——我们正在谈论的可能是数十亿用户——将不得不拥有量子加密术来获得安全。虽然，与量子计算机相比，量子加密术便宜得多，也更为实际、更普通，但是，它的应用仍然是非同寻常的。

虽然，这并不全都是坏消息。提出了基于纠缠的加密术的阿图尔·埃克特教授认为，量子计算机能够提供的比目前想象的还要多得多。他举了一个非常低级的方法，回到量子计算机作为一种能够发展超出传统计算能力的装置的早期概念。他指出，计算机是物理对象，就这点而论，也许可能解决数学上无法处理的问题。

埃克特利用了一个简单的实例。想象两个分开的房间，每个房间都被密封，只有一个简单的门，没有窗。在第一个房间中有三个灯泡。在第二个房间中是三个开关。

一个开关与一个灯泡对应。问题是，只允许你到每个房间一次（在这之后，门被关上），然后回答哪个灯泡对应的是哪个开关。埃克特认为，要提供一个纯数学的解法是不可行的。但是，采用物理方法可以解决这个问题。

进入开关所在的房间，将开关1打开5分钟，然后将它关闭，打开开关2。然后立即进入灯泡所在的房间。与开关2对应的灯泡将亮着灯。在其他两个灯泡中，与开关1连接的灯泡是热的，而与开关3连接的灯泡是冷的。埃克特面对的挑战是找到其他方式，这种方式量子论和纠缠能够提供物理解决方案，而纯数学无法提供。

不管埃克特引申到“现实世界”的计算是否可能，如果一台量子计算机神秘地出现在计算机科学家的桌子上，它分解大质数因数的能力将真正可能导致混乱，并改变搜索行业的能力。

到目前为止，“神秘出现”是我们能够立即得到一台量子计算机的方法。不存在量子计算机运行这些聪明程序的事情。正如巴贝奇被传统力学的局限性打败一样，那些想制造量子计算机的人，面临着一场对付量子力学复杂性的巨大战争。在写这本书的时候，仍然不存在任何量子计算机，即使在实验室的受控环境中也没有。但是，同样，正如巴贝奇能够展示其差分机的一小部分一样，人们已经制造了量子计算机的一小部分，与几年前相比，现在，由于纠缠——制造真正的量子计算机模型的希望要大得多。

我们已经看到，要使密集编码成为可能，需要纠缠。实际上，如果不利用纠缠，似乎没有任何方法来制造一台量子计算机。为了知道其中的原因，我们将了解普通计算机在理论水平上是怎样运行的，并找到量子位的本质——量子力学不断妨碍计算的基本工作机理。

剥除所有复杂性，远离想象的图形用户界面、操作系统和应用，大多数计算机都可归结为取二进制值——0或1——或者复制它或通过“门”输入它。这是一种可能基于位本身数值来改变数值的装置，或者控制通常来自另一个位的信息。与门相当的简单物理的实质的对应物是儿童的图形匹配。我们可以选择代表不同输入的不同形状，并且试着将它们通过方形洞放入，如果输入是方形，则有东西在另一侧出来（1）；但是，如果输入是其他形状，则没有任何东西出来（0）。

门在计算机中是如何工作的真的一点都不重要，它可以是任何东西，从实际的物理机械门到电子部件，如晶体管。也许，最基础的有用的门是非门——这只是说：“无论在哪里，你看到0，输出1；无论在哪里，你看到1，输出0。”非门的物理模拟将是一面镜子，利用左手手套作为0，右手手套作为1。不管你在镜子前放的是哪个手套，它的映像将适合另一只手，就好像它已经通过了一个非门。

非门的作用相当于一个简单的位，但是许多更强大的门要求至少一个以上的位作为输入。例如，“与门”综合了两个位的值。如果两个位是1，结果是1；否则，对0和0，0和1或1和0这三种可能中的每一种，结果是0。

量子计算必须研究与传统计算机同样的要求，但是，因为它必须处理脆弱的量子位，量子门适应的操作更复杂。甚至复制一个数值这样最简单的行动，也并非是简单的。正如我们后面将看到的，由于听起来像生物学的“不可克隆定理”，量子计算机无法复制一个量子位。然而，关于这一点有一个解决的办法。纠缠确实可能复制量子对象，只要你以一种称为“隐形传送”的方法破坏原对象的状态。我们将在下一章谈到隐形传送。

除了让人恼怒的，因无法复制导致的复杂性之外（因为许多传统计算机操作认为你可以复制一个数值），量子门还必须比传统计算机门更复杂，因为它们同时在多种状态下操作。所有非门必须要做的是将0切换到1及将1切换到0。量子相当的非门——X门，必须取一个量子位，该量子位存在某一取0值的概率及不同的取1值的概率，并且交换那两种概率，而管理起来更棘手的要求是交换这两种概率。

虽然它们听起来很复杂，但是，这种门理论上是可以制造的，而且在密集编码实验中，当量子位经历四种过程之一时，已经用于处理量子位（见147页）。一种过程是“什么都不做”，另一种是X门等。量子门已经被设计来非常漂亮地执行所有量子计算机应该要求的所有事情，在许多情况下，已经在相当小数量的量子位上进行了制造和试验。

量子位的状态是处于——通过门之前或之后——通常由特殊符号表示。要理解纠缠或量子计算机，不必使用这些符号，因此，它们通常不会出现在本书中；但是，如果你想更广泛地了解量子计算机（或量子论的其他方面），不可避免会碰到它们，因此，还是值得对它们加以简单描述的。比如说，我们有一个量子位，可能处于0或1两种状态。“状态函数”——量子位叠加状态的数学描述，以及如果测量时任何一个值的不同概率——通常是这样表示的：$|0\rangle$ 表示0态和 $|1\rangle$ 表示1态。

采用这种表示法的优势在于，它使这一点清楚明白：我们研究的是描述量子对象状态的某种东西，而不是实际的、固定的0值或1值。当量子位处于两种状态 $|0\rangle$ 和 $|1\rangle$ 的综合状态时，它就写为 $|0\rangle+|1\rangle$ ；当测定对象时，出现两种状态的概率是50∶50，或利用特殊的因数，如 $a|0\rangle + b|1\rangle$ 来表示两种结果不同的概率。

这种表示法，以普通人的眼光来看非常古怪，却是量子世界的标准表示

法——在其原来提出的背景中看待时更有意义。它是由英国物理学家保罗·狄拉克提出来的，他做了许多工作来合理地说明量子论，|任何东西>项在技术上被称为“右矢”。这是对狄拉克开的一个小玩笑，因为还有一个被称为“左矢”的相对版本，看起来像这样：<任何东西|。它们两个一起构成了“bra”“ket”——一个括号（bracket）。目前，这些术语使用得比较少（术语“bra”用于内衣出现在1936年，在狄拉克第一次使用这个术语后不久，结果导致不经常使用这些术语的大学生观众暗笑不已），但是，这些符号本身对那些从事这些领域研究的人来说是非常重要的。

量子计算机看起来像是非常精彩的光学幻象，它是如此确定，以致我们一直努力去得到这个表面上具体的对象，结果却只是让它在我们的眼前消失。在2006年写这本书的时候，虽然已经出现了许多进展，但是，我们离能够制造实际的量子计算机的距离仍有十年或二十年之远。但是，提出了格鲁弗搜索算法的洛弗·格鲁弗是一个乐观主义者。“与十年前相比，看起来其可行性要大得多。当时，大多数人认为它只是一种理论结果，没有任何实际实施性。现在，情况已经不是这样了。”

这真是令人欢欣鼓舞——但是，要怎样才能实现量子计算呢？应该记住，组装与电子相当的量子计算的困难以及给量子计算机编程的复杂性，会比另一种过分夸张、似乎永远都无法实现的技术，如个人火箭背囊或智能类人机器人更难吗？

如果它只是另一种可能很好但实际上无法实现的技术想法，实际上就不会存在围绕量子计算构建的学术工业，这是有争议的。更重要的是，我们必须记住，量子计算比这个（也是为什么它如此难以理解）更重要的原因之一是它根本不是一种技术，它是某种更基础的东西。正如迈克尔·尼尔森（Michael Nielsen）和艾萨克·庄（Isaac Chuang）在其《量子计算和量子信息》中指出的：

> 可能有人很想摒弃量子计算，将它当做在计算机发展中随着时间而消失的另一种技术，正如其他许多已经消失的技术一样——例如，在20世纪80年代被大肆吹嘘为新一代重要存储器的“磁泡存储器”。这是一个错误，因为量子计算是信息处理的抽象范例，可能已经在技术中有许多不同的实施。

即使不存在量子计算机，人们也已经在量子计算机方面做了许多工作，其原因是，如果量子论是正确的——仍然有最少量的证据表明它无法与实验一致——量子计算的大多数进展是完全与技术分离的。量子计算及其好处可以单独用数学和量子力学知识描述。将其制造成一个物理实体的技术也许需要很长时间来完善，但是，它终将到来。

这可能需要10—20年时间，或甚至更悲观——需要100年，但是，需要的时间毕竟是有限的。而且，当可用的技术确实实现的时候，量子计算机将是生产线上准备最充分的发明。

量子计算机的制造者面对的挑战非常巨大。这些量子工程师需要建造一系列量子位，并将它们连接起来。他们首先必须将信息放进系统中，然后启动计算机的操作，最后，输出结果。在量子水平工作时，所有这些步骤都很重要。就好像你在黑暗中，双手被绑在背后，试图拼复杂的拼图玩具。相当困难——但是，如果这个事情具有价值，而且量子计算机当然有价值（与将你的手背在身后在黑暗中拼复杂的拼图玩具不同），就会有人在某处想到一种方法来完成。

本领域的科学家一次又一次面对的一个问题是，虽然有半打不同的原理来提供量子位，每一种原理都具备有用的特征，但是，每一种都存在明显的缺点。量子计算机科学家有点像《三只小猪》中试图用稻草建造房子的第一只小猪。设计也许挺伟大，但是，建设的基本单位存在问题。

不久以前，第一个明显的问题是设法一次处理单个量子粒子。量子对象毕竟是令人难以置信的小，而且很难固定不动。比如说，仅仅产生光子是不够的。打开一盏100瓦灯泡这个简单的行动，每十亿分之一秒将产生大约100 000 000 000个光子——但是，这种大量产生光子不是优点，而是问题。想象我们有一台具有数十亿传统位的传统计算机。

不错。但是，现在想象一下我们无法辨别特定的位。灾难——我们要怎样将信息输入进去或者将信息输出呢？同样，在量子计算机中，大团光子云并没有多大用处。我们必须能够一次产生、操作和检测一个光子。

在激光出现之前，这几乎是不可能的，这是为什么早期在行动中尝试证明纠缠和贝尔理论时存在的真正问题。正如我们在阿斯派克特有关贝尔理论的实验中看到的那样，正是激光使其有可能利用单个光子。激光，与普通光源不同，能够使它们的输出衰减到实际上没有，可以产生大多数单个光子。而且现在纠缠中广泛使用的下转换方法通过检测（和破坏）其纠缠光子对，使其可能固定单个光子。当发现光子对时，将门打开，让单个剩余光子对放出，产生可控制的单个光子束。

但是，量子计算机不必以光子为基础，原子也可以形成量子位的基础。在原子面前，在1980年，华盛顿大学的汉斯·德梅尔特成功地分离了单个钡离子（离子是失去电子或得到多余电子的原子，使其带上电荷）。

这个离子通过磁场加以固定。离子的正电荷对磁场的反应，与磁铁可以浮在其他磁铁上方的方式相同（虽然离子必须由几种磁场围困，避免它飞走——磁铁是由重力相反的力阻止）。令人不可置信的是，当被激光的合适颜色点亮的时候，肉眼可以看到单个钡离子像闪光的针孔一样悬浮在空中。

但是，让我们谈谈光子。毕竟，对于量子计算机的工程师来说，采用光子作为量子位可能是可以利用的最简单选择。此处，光子的偏振，或某个特定点的光子数量的相位差（相是光被当做波时光的“上和下”位置中上的位置），可以提供信息贮存。

光子数量很多——这不是一种很容易用完的资源。而且光子很稳定，正如我们用我们的肉眼已经看到的事实：光子从遥远的星球运动到我们这里。在光子被你眼睛内原子的相互作用破坏之前，这些光子已经在太空中经历了数百万年的行程。更重要的是，要求操作光子数量的许多门只不过是不同分束器的组合（记住，最简单的分束器只不过是一块玻璃或部分镀银的镜子）。基于光子的计算的结果很容易采用光检测器读取。

但是，简单地获取光子和执行光子的某些操作并不是整个内容。光子不可能停留在一个地方，它们彼此不容易相互作用。对日常生活来说，缺乏相互作用也一样不错。此刻，看看你前面的空中。虽然它们是看不见的，但是空气中绝对是充满了四处飞动的光子。光照亮了你周围的一切，使你能够看到东西。不是数百，就是数千，无线电、电视、移动电话信号。无线网络和车库门遥控。来自深层空间的高能电磁射线。如果光子确实很容易彼此相互作用的话，将会有无数的碰撞，那些依赖光子的所有东西，从电视广播到你的视觉，将会在一团乱麻似的相互作用中停止工作，就像一个三维球台，瞬间上亿个球从各个方向迅速进入这个球台。

其他将光子固定在一个地方，使得能够在计算机中利用它们的光子争论问题，可能没有它初看起来那么难。为什么不容易将一个光子固定在一个地方呢？当你考虑爱因斯坦是怎样想到狭义相对论时，原因很明显（见108页）。

他认识到你无法跟着光子运动，由于相对运动的结果，无法让它停止，因为支持电（等等）的电支持磁场的优美舞蹈只有在光速下才会发生。在正常状态下，光子无法停止运动。

早期俘获光子的许多想法包括将光子存放在一个小的反射箱中，这样，它虽然仍然以光速运动，但是只能在非常小的受限空间内弹来弹去。但是，人们最近已经证明了可能采用某种更有效的方法。你不必在脑海中记住，光速不是真正的常数。人们熟悉的每秒大约186 000英里的光速是光在真空中的速度。这个数值是固定的，但是，当光穿过物质时，光子和它们周围物质的原子之间的相互作用使光的速度减慢。在空气中，它的速度比在太空中稍慢一点点。在玻璃中，它的速度一路减下来，降低到大约124 000英里每秒。而这仅仅只是开始。

1998年，研究人员设法在一种称为玻色－爱因斯坦凝聚（物理学家必须有特别愉快的一天，想到像“光子”或“夸克”一样响亮的名字）的物质的奇怪形式中将光子的速度减慢到步行速度。这是物质的第五种形态。我们习惯于物质的三种形态——固体、液体和气体。自20世纪20年代以来，人们已经知道了物质的第四种形态，这种形态是当原子暴露在巨大的能量源，如猛烈的太阳等离子体核反应堆时产生的形态。这是一种气体之外的形态，其中容易失去的电子已经将原子破坏，得到离子汤——失去某些电子的原子及电子本身。

物质的四种形态——固体、液体、气体和等离子体——在两千年前形成的理论中有着惊人的平行性。

希腊哲学家恩培多克勒（Empedocles）认为，所有事物都是由四种元素组成——土、水、空气和火——每种元素都具有现代物质四种形态的简单相似性。有些古人认为这并不够。这四种元素被限制到月球轨道中混合的“月下”区。除此之外，人们认为，应该存在某种更完善的东西，第五种形态——被称为以太的天体物质。

如果土、水、空气、火与固体、液体、气体和等离子体相匹配，则以太与假设的物质的第五种形态相对应，这是爱因斯坦在20世纪20年代想象出来的，很久以后人们才在实验室第一次得到这种形态。爱因斯坦的灵感来自一名印度物理学家萨特延德拉·玻色（Satyendra Bose），他想出了一种新的描述光的方法，好像光子是由气体组成一样。气体，毕竟，是量子粒子的集合，其行为人们已经有了很好的了解。爱因斯坦在数学方面为玻色提供了支持，但是，他也被这个年轻印度人想象出的物质的第五种形态的想法所鼓舞。爱因斯坦认为，对一种材料施加极低温或巨大的压力，它最后将达到一种状态，它不再是一种普通物质，相反，它将分享光本身的某些特性。这种物质的形态现在被称为玻色－爱因斯坦凝聚。

在该理论提出约80年之后，一名在美国工作的丹麦科学家已经使用玻色－爱因斯坦凝聚完成了光的令人惊异的事情。这位女科学家的名字叫莉娜·维斯特格德·豪（Lene Vestergaad Hau）。1998年，豪的研究小组建立了一个实验，其中两束激光发射通过含钠原子的容器中心，钠原子已经被冷却形成了玻色－爱因斯坦凝聚。通常，这种凝聚将是完全不透明的，但是，首先“耦合”的激光建立了一种通过玻色－爱因斯坦凝聚的梯状物，第二束光能够以降低极多的速度通过该梯状物。

在这个过程中，第二束光的光子——“信号”——与凝聚中的原子发生了纠缠。当光的长脉冲流进凝聚时，脉冲的前面部分通常纠缠将速度减下来，而后面部分却全速向前推进。结果是光脉冲受到巨大挤压。长度也许是2公里(1.25 英里)的脉冲（在时间上依然是非常短的脉冲，请记住，光的运动速度是300 000公里/秒）可以压缩到几千分之一米。

在第一次成功的实验中，凝聚中测定的光速大约是17米（20码）/秒——比正常光速减慢了2 000万倍。一年之内，豪和她在哈佛大学埃德温·兰德的罗兰科学院(Edwin Land’s Rowland Institue for Science)工作的研究小组，已经将光速减到每秒一米以下。不管怎样，玻色－爱因斯坦凝聚并不是正常物质，这种纠缠的光和物质的混合确实是位于非实体光和实体物质之间的某种东西。这种奇怪的混合物，既不是这种物质也不是那种物质，人们给它起了一个听起来浪漫的名字“暗态”。

产生一种暗态是十分精细的工作。走进豪的实验室，你必须脱鞋，通常还要检查灰尘，以免你污染空气，干扰精密的光学系统。在开展实验的桌子周围甚至有一幅塑料帘，在很大程度上是为了防止经过的旁观者的干扰。据豪称，一名拜访实验室的德国电视台人员，在没人注意的时候，在实验设备附近安装了一台烟气发生器，塑料帘就是在这之后挂上的。这位害羞的记者的本意是为了看到实验的激光，以增加视觉冲击，否则，人们看到的只是一台黯淡无光的设备——没想到，他们使实验暂时失败了。

但是，对豪的小组来说，仅仅将光速降低并不够。如果将耦合激光的功率逐渐减小，差不多就好像这个过程通过从纠缠的暗态中抽出更多的功率，补偿输入的缺乏，甚至进一步减慢光速。

继续逐渐关小耦合激光，直到它最后熄灭，同时，暗态仍然存在，光达到完全静止，陷进其纠缠形式当中。（这并不违背不确定性原理，因为我们并不知道暗态中单个光子的位置。）重新恢复耦合激光，光开始重新移动。原则上，豪的小组已经建立了一个光子库，在这个库中，光子可以无限期地保存，直到人们需要为止。

即使光子可以这样被驯化，要让它们互相作用还是存在问题。这也可能借助于暗态。当一个光子与暗态中的一个原子纠缠时，它与原子分享了量子信息。可以有效地将量子位信息从一个光子传输到凝聚，然后再传输回来。

目前，这并不容易，但是，实验已经证明应该怎样去做。哈佛大学的米哈伊尔·卢金（Mikhail Lukin）和他的同事采用了比豪更复杂的装置。他们采用的不止一个耦合的激光，夹在暗态能带之间的应该是光正常运动的区域。但是，因为它被光速为零的暗态能带围住，这种“正常”光无法出去，而是被困住，虽然仍然能够运动，但是就好像处于在一个全部镶上镜子的盒子内。

这就是事情变得有点复杂的地方。被困住的、移动的光与它周围的原子相互作用。然而，发送另一束光到束缚它的暗态区，结果是被困住的光和新的光子之间发生相互作用。实际上，虽然有点难以操纵，但这是使一个光子和另一个光子相互作用的一种方法。虽然，玻色－爱因斯坦凝聚体是一种媒介，效果是光子彼此直接相互作用。颇有希望的是，这是一种以光为基础的量子位产生计算变化的一种机制，尽管此时，它是一种非常复杂而精细的机制。

它的数据处理并不像光处理那么多。

然而，整个暗态光子操作仍然无法孕育商业计算的可能性——它太脆弱了。但是未来值得憧憬。一般来说，为了固定玻色－爱因斯坦凝聚体，通常需要很重的设备，但是，在芯片表面上以通常被忽略的磁效应为基础的装置，能够固定一层凝聚体，而需要的设备或功率并不比便携式计算机多。美国空军研究实验室的菲尔·翰莫（Phil Hemmer）2002年所做的实验已经得出了与豪类似的效应，但是，他采用的是固体钇晶体，为这个问题提供了实际得多的方案。

在暗态可以利用之前，使光子影响另一个光子的最好方法是，利用被称为非线性介质的特殊光学材料——这些材料有很多选择。这些非线性装置依赖克尔效应。在某些物质中，通过物质运动的光子改变了其周围介质的折光指数，从而影响紧跟其后的另一个光子。有很多物质的表现都是如此——甚至普通的玻璃或一碗溶了糖的水都有微弱的克尔效应，但是，当与暗态比较时，它存在负面影响。所有克尔介质效率都极低。可以掌握的最好结果是，对每个通过的光子来说，有五十个光子被每个光子通过的介质吸收，要在能够得到一致、有用结果的计算机中使用，这是一种很难控制的机制。

如果使光子与另一个光子相互作用是一个问题的话，使光子和原子相互作用相对要简单一些。不仅从我们的角度来看它是研究物质结构的所有事物的基础，相互作用也得到很好的理解，并可通过量子电动力学进行准确描述。

围绕量子相互作用问题，有一种与暗态不同，但实际上更简单的方法是综合一个光共振腔——最简单的光共振腔就是一对部分镀银的平行镜子，一个光子进来，反弹回去，前进一会儿，然后从这里逃逸——采用可用做量子动力学（QED）催化剂的单个原子使两个光子相互作用。这仍然不是一种完美的方案——这些光共振腔也许会吸收光子，制造计算机结构需要采用几个光共振腔，这将成为主要因素——但是，它比纯光子具有某些优势。

如果光子证明太滑头无法操作，量子位可基于一种更"温驯"的粒子，如原子或离子。2003年，中村松本（Yasunobu Nakamura）和日本电子巨头日本电气公司（NEC）的研究小组采用离子阱成功地纠缠了两个量子位——离子阱采用强大的电场在真空室中固定离子的装置，其中激光脉冲用于改变离子态。

另一种原子可能性是核磁共振，这是一种在化学和医学中得到良好发展的技术，并得到了商业的良好支持。磁共振成像（MRI）扫描仪用于拍摄人体器官的局部扫描，它利用的就是核磁共振（NMR）——人们认为，"核"这个词病人听起来会害怕，因此，采用"磁共振成像"来称呼这种医疗设备，使它听起来不那么吓人。不仅广泛的商业应用使这种核磁技术得到了很好的理解，而且与其他专业技术相比，它还可能是一种更便宜的选择，如果硬件已经在生产的话。

核磁共振依赖测量原子核或分子的磁自旋效应——但是这种效应是如此微弱，只能采用数十亿组原子才能检测到。采用一种利用许多原子"集合"的方法并不是不可行，但是，要区分计算机的不同成分变得困难得多——随着量子位的增加，要检测的信号强度呈指数级下降。

但是，还是有一些希望，2004年牛津、纽约、蒙特利尔几所大学，仅仅采用一对原子核，证明了核磁量子计算。2005年4月，日本一个研究小组发表了一篇利用基础但功能自主的NMR半导体器件的论文。即便如此，这些仍旧只是初步阶段。

还有其他可能的量子位方案，包括电荷和磁通量，显然，要找到量子计算的解决方案，人们仍将付出巨大努力。人们怀着特别的热情研究的最后一种方法是量子点技术。量子点非常具有吸引力，因为它们是传统固态电路的引申，虽然它们不是使用通常的照相法来蚀刻半导体，而是将电路喷到表面上，一次只喷单分子层，因此它们的结构非常精细。

量子点本身是半导体微小的点，就像它们是量子点一样作用，其中单个电子可以固定和操作。与目前正在考虑的其他可能的量子计算环境一样，量子点有一个缺点。在量子态崩溃前，它们只能将量子态保持很短的时间——也许是百万分之一秒。从好的方面来说，量子点是一种固态，与其他许多技术相比，其制造和使用非常简单。以这种方式制造一组数百甚至数千个量子位，比目前其他任何方法要简单得多。2004年，德国和日本的研究小组第一次在光子和量子点之间建立了纠缠，提高了使用这种技术建立固态量子计算机的希望。

所有量子计算机的研究人员面对的严峻现实是，只在超级严格的实验室条件下艰难地操作他们的设备是远远不够的。

这种技术也许永远无法稳健地出现在桌面上，但是，它至少必须能够像目前娇生惯养的巨型计算机一样稳定，能够在要求的操作时间量程内，承受被称为量子退相干状态的灾难性崩溃。

退相干是量子位（或任何处于量子状态的其他东西）与它们周围的量子对象相互作用和失去它们唯一状态的自然倾向。为了方便，我们倾向于想出一个实验（或，一天，一台量子计算机），与其周围环境相当分离。在现实生活中，所有一切，工作台到开展试验的物理学家都是由量子对象集合组成。长期来说，几乎不可能阻止那些粒子和实验中的粒子之间的相互作用对保存量子位的量子状态的纯度造成破坏。

制造量子位的某些早期尝试仅能在几分之一秒内保持有用，采用某些潜在的量子计算机技术，将量子位保持计算需要的时间，证明极富挑战性。我们习惯于计算机保存几乎无限的信息。只要打开电源，传统计算机芯片就将保存它们处理的信息（除非它们被电磁能干扰，如电力尖峰或强大的辐射）。量子计算机可能必须采取更“棘手的方法”，迅速将量子位从一个地方扔到另一个地方，以保持计算机活力。

讽刺的是，防止退相干的主要武器是纠缠。通过将信息保存在纠缠的量子位集合中，即使这些量子位因仪器或外部世界的其他问题而崩溃，信息也不会丢失。好消息必须加以调节。为了保护量子信息，每个所用的量子位信息需要更多实际的量子位。

存在的量子位越多，就越难将量子计算机组装到一起。

这是量子计算机另一个较大实际问题的反映——可扩展性。少量量子并不足以制造一台执行有用任务的计算机。与传统计算机相比，不需要大量的量子——对大多数需求来说，需要100个到2 000个量子位——但是，当在计算机中加入越多量子位时，出现快速退相干的危险就越大，会带来额外的错误，系统因速度令人担忧而变得不实用。

幸运的是，量子计算机科学家掌握了一些方法，可以防止他们假想的量子计算机出现错误。通过使用几个量子位来储存一个相当于一个量子位的信息，可以解决部分数据损毁。不可能克隆量子位的状态，因此，你不能只是保存几个复本，并对它们进行比较，就像你使用传统计算机位一样——但是，整个“量子错误修正”领域已经出现，可以提供处理多个量子位的机制，就好像它们是一个量子位一样。

现有的这些技术没有一种将带来“真正的”量子计算机突破，这是完全可能的。在电子计算机的发展中，想出一种更好的真空管并不是答案——在改成固态后，计算机才真正起飞。除此之外，基于真空管的计算机，若具有现代处理器的能力，将使整个规模不小的小镇热烘烘。美国第一台大型电子计算机ENIAC，有1.8万根真空管，长80英尺，放出大量的热，需要许多冷却设备来避免它的熔化。想象一台与现代100 000 000根晶体管电脑相当的真空管计算机，那是完全不可能的。位于美国洛斯阿拉莫斯的美国国家实验室的理查德·休斯（Richard Hughes）评论道：“我们仍然处于量子计算的真空管时代。”也许，需要采取完全不同的技术来实现量子计算机。

正如我们已经看到的，不管采用哪种技术来制造，量子计算机需要使用称为“量子隐形传送”的以纠缠为基础的现象来克服复制量子位的不可能性。隐形传送是所有已经确认的纠缠现象中最奇怪的一种现象，结果远远超过更快的计算机，全力进入以前只是科幻小说作者独享的领域。

Chapter 7

Mirror, Mirror

第7章　镜子啊镜子

你不能越过自然的常道；因为任何过分的表现都是和演剧的原意相反的，自有戏剧以来，它的目的始终是仿佛要给自然照一面镜子，显示善恶的本来面目，给它的时代看一看它自己演变发展的模型。

——威廉·莎士比亚（Willam Shakespeare），《哈姆雷特》（*Hamlet*）　朱生豪 译

我们在上一章中谈到的量子计算机也许最终会成为第一个与人脑竞争甚至打败人脑的机器——这是迈向制造具有意识的机器的危险之路的一步。纠缠不仅使这一古老的科幻小说喜欢的主题成为可能，而且还可能使另一种幻想变成现实——隐形传送。

隐形传送、物质传输、运输者——不管你怎么称呼它们，其概念是将某种具体的东西从此处传递到彼处，物理对象的传递不需要通过两地之间的空间。由于某种原因，我们想取一个物理对象，并把它沿切线推动或通过空中传播。诚然，我们可以发送传真，但是，这只是文件外表简陋的复制罢了——它并不是真正的物理复制品。要使真正的隐形传送成为可能，唯一的方法是准确确定原物质的组成，将它分解成各个组分，然后，逐步构

建一个与它相同的复制品。

这一点说起来容易做起来很难。请记住不确定性原理。一旦我们开始准确详细地测量一个粒子的一个方面，我们对其他测量就越来越不确定。我们可以准确知道它在哪里——只要我们完全无法确定它的质量和速度。我们可以固定它的动量，但是，只有在我们对它的位置毫无头绪时才行。然而，复制物质意味着了解物体中每个粒子的所有情况。这是完全不可能的。

然后，还存在那些令人恼怒的、模糊的量子状态。测量量子粒子的自旋，将证明其是向上或向下。但是，这并没有告诉你它的状态是什么——知道的只是它分解的状态。要准确地复制一个粒子，我们需要发现它分解成向上旋转或向下旋转的概率——而不干扰它叠加状态的微妙平衡。

在20世纪80年代，奥斯丁的得克萨斯大学的威廉·伍特斯（William Wootters）和加利福尼亚理工学院的沃奇克·祖瑞克（Wojciech Zurek）给了星际飞船“进取号”上的工程师斯科特先生的仿真器最后的致命一击。正是伍特斯和祖瑞克提出了“不可克隆”定理，证明无法克隆——准确复制一个量子粒子。这并不是说很难克隆一个粒子，也不是说克隆粒子超出了目前的技术范围。相反，是根本不可能准确复制粒子。你永远无法用一个粒子，得到两个完全相同的粒子。

量子物体无法被克隆，这看起来也许有点奇怪。毕竟，我们可以克隆一只绵羊，而绵羊本身就是一个庞大和复杂的量子物体集合，因此，为什么我们不能克隆像光子这样简单的东西呢？不幸的是，当提出“不可克隆”定理这个名称时，此处的“克隆”描述的是与人们熟悉的生物过程完全不同的过程。

当科学家克隆一只绵羊（或任何其他生物）时，他们复制的是控制那些构成某个特定生物的复杂化学物质的“配方”。即使在这个层面上，克隆也无法得到绝对相同的绵羊复制品。

生物发育时小规模的突变及环境的影响将改变结果——这解释了为什么同卵双生——自然的人类克隆，并不完全相同的原因。生物克隆只不过如同一批新烤的小甜饼罢了，也就是说，按照近乎一致的配方烘烤。

DNA的化学指令无法克隆生物体内的每个量子粒子。从量子观点来看，DNA是一头不可能复制单个量子态复杂性的像大象一样笨拙、庞大的物体。在繁殖中我们不需要量子级克隆（幸好如此，否则繁殖过程将会失败。）

你可以将量子克隆和生物克隆的区别与真实的风景和风景照之间的区别进行对比。如果你想，只要你喜欢，风景照你想印多少就可以印多少，而且，它们将有效地克隆另一张——但是，你无法克隆风景本身。风景是唯一的。不管你怎样努力地在物理上去复制这个风景，无法让风景的每一株草的叶子、一片云及空气分子都与原风景相同。同样，我们可以“复制”一个动物，但是，我们无法准确、完美地复制一个包括量子所处状态的所有细节的量子粒子。

虽然历史对其记录下来的东西很少，但是，伍特斯和祖瑞克的不可克隆论文本身提出了一个奇怪的概念。一篇提出了光子克隆的论文被交给了一份科学杂志。这篇论文被交给意大利物理学家吉安卡罗·吉拉尔迪（Giancarlo Ghirardi）审稿，他建议不予发表。因为，对他来说，从量子力学来看，克隆显然是不可能的。但是，另一名审稿人建议发表，这样，伍特斯和祖瑞克的论文才得以印刷表达出这个概念，结果“拥有”了一个重要的定理，而吉拉尔迪认为这个定理对每个人来说都是显而易见的。

然而，在克隆限制方面存在一个漏洞。虽然你无法得到两个相同的粒子，伍特斯和祖瑞克的定理并没有谈到将一个粒子的状态应用到另一个粒子的同时，而破坏该粒子状态的可能性。也就是说，你也许无法进行一次克隆，但是，伍特斯和祖瑞克的工作对粉碎一个粒子，同时将其准确的性质转移到另一个粒子并没有提出理论上的限制。当谈论量子隐形传送时，物理学家指的就是这个过程。

仅仅因为不存在绝对限制，并不意味着有些东西就是可能的——不确定性原理和难对付的量子状态肯定使隐形传送机面临重重困难。然而，纠缠提供的、在量子级别发生作用的神秘连接，似乎是一种帮助解决这个问题的自然方式，IBM的查尔斯·班奈特（Charles Bennett）在1993年建议的正是这种规避。

借助可喜的对称性，班奈特的想法受到上文威廉·伍特斯的讨论的启发。威廉·伍特斯证明了量子状态首先无法克隆。在蒙特利尔的吉勒斯·布拉萨德（Gilles Brassard）组织的一次研讨会上，伍特斯发表了关于单独测定粒子和联合测定粒子两者不同之处的讲话。在讲话之后的讨论中，班奈特看似随意地插进来，提出了这种想法：向进行单独测定的各方提供一对纠缠粒子的一半粒子，看看它将怎样影响结果。吉勒斯·布拉萨德后来评论说："经过两小时的集体自由讨论，得出的答案是隐形传送。这个结果的得出完全出人意料。"

班奈特的方案充满令人高兴的矛盾。由于不确定性原理，隐形传送一个粒子的唯一方法，即你可以将一个粒子的状态应用到另一个远处粒子的唯一方法是，你是否能够在并不知道粒子的真正情况的条件下设法做到这种应用。在安东·塞林格称为"非常优雅的技巧"中，纠缠使我们不需要知道粒子状态，而将一个粒子的状态剥离，并将其传送到另一个粒子。如果这看起来似乎自相矛盾，无法解决，我们应该记住，纠缠就是使矛盾成为现实。

此处的技巧是使用两组信息，一组通过纠缠的神秘量子连接传输，但是永远都不被任何人观察，另一组由传统的通道——比如说，无线电了解信息和发送信息。（需要两组信息，使隐形传送安全地脱离第五章中的比光还快的纠缠，虽然它并不用于满足时间COPS：这种需要超出了用于传输量子状态的物理要求。）没有人知道纠缠连接的通信内容，因此量子状态没有受到打扰。

当你认真详细研究，就会发现量子隐形传送和魔术花样非常相像——你需要在你的袖子里多放一个粒子。为了开展隐形传送，在过程中涉及的不是两个粒子而是三个。我们先从纠缠粒子对开始，将它们中的一个粒子发送到接收站。这可以在隐形传送之前的任何时间、任何日期、任何星期或任何年份完成，只要纠缠粒子可以保持完好的纠缠状态。

采用合适的纠缠连接，我们可以提供第三个粒子，即原来的粒子：我们想要隐形传送的粒子。这一点是在发送站与纠缠粒子的相互作用而做到的，引起远程纠缠粒子的瞬时变化（但是永远未直接进行测定）。发射站然后对其粒子进行某些测量，并将详细情况发送到接收器。直到现在为止，由于那些测定，原来的粒子已经失去了成为其本身粒子的基本特性。其量子身份已经被破坏了。如果这个粒子是较大整体的一部分，物体中的每个粒子都经历这个过程，物体就不再是那个物体了。

在接收器一端，第二个纠缠粒子被无线电连接发送的信息——已知的信息改造。现在，无论从哪点来看，接收器的粒子都已经与原来在发射器检查的粒子相同。这所有的一切听起来相当模糊，但是，在具体情况下，隐形传送过程相当直接。

例如，采用两个光子，如果我们使用合适角度的偏振来表示0和1（比如说，0是水平，1是垂直），测量光子对偏振的发送器有四种可能结果：00、01、10或11。完成测量之后（并破坏了它原来光子和纠缠光子的状态），发射器将结果发送给接收器。然后通过四个不同过程之一（最简单的过程是“不做任何事情”，其他过程是不同的量子门，如我们已经在第157页谈到的X门），放入因另一端进行的测量而已经发生变化的纠缠光子。结果，接收器处的第二个纠缠光子与原来隐形传送的光子无法进行区分（除位置之外）。

同时，1997年，维也纳的安东·塞林格（Anton Zeilinger）和他的研究小组，罗马的弗朗西斯科·德·马蒂尼（Francesco de Martini）及他的同事，利用三都·波佩斯库（Sandu Popescu）的想法，同时提出这个概念。在实验中，一个光子的偏振被传输到另一个光子。许多物理学家对描述成果的方式极端谨慎，但是，有些物理学家是喜欢表现的人，无法抵挡引人注目的夸耀——在科学界中，这一点并不比沉闷糟糕。谨慎的科学家将会告诉你量子隐形传送与《星际迷航》风格的传送器并没有什么关系。它只不过是一种涉及复制单个粒子状态的过程。

但是，塞林格无法抵抗戏剧性的感觉，他在有关这个实验的论文中清楚地表明，他认为，它将是某种非常令人激动的事情：

> 只要重新出现在某一遥远地点，隐形传送的梦想能够成真。采用经典物理学中通过测定来确定的属性，可以对隐形传送的物体的特征进行全面描述。要在远处复制那个物体，人们不需要原来物体的零部件——需要的只是发送扫描的信息，这样，就可以利用这些信息重新构建那个物体。

塞林格说，这是千真万确的事情，虽然只是规模非常小。

到2004年，塞林格和他的小组已经实现了较大距离的隐形传送——实际上，跨越了多瑙河。他们取得跨越多瑙河远距离传输纠缠光子的突破（见第69页），一年之后，这个奥地利小组的研究又重新回到了下水道，这次是从多瑙河的一边隐形传送到另一边。（量子纠缠实验人员似乎与下水道系统有着职业方面的联系，与他们竞争的只有公用事业工作者和《魔法奇兵》。）

隐形传送，存在两个“通道”，一个通道携带纠缠粒子，另一个通道传输用于完成隐形传送过程的传统信息。纠缠光子通过沿多瑙河下面下水道系统敷设的光纤电缆输送，同时，传统信息通过600米（666码）的微波跨河传送。这也许看起来没什么开创性，但是，当他们的论文在《自然》杂志上发表时，他们已经“在一段距离证明了量子隐形传送，并且是在实验室外的真实条件下进行，具有很高的保真性”。

对那些说过隐形传送只能在高度控制的实验室条件下发生的批评者来说，这是一个沉重的打击。这个小组指出，这种技术也可作为使纠缠在世界任何地方分享的量子中继器的替代方法（见第66页），因为隐形传送纠缠粒子传送了量子的状态，包括它的纠缠。

正如这种技术所阐明的那样，即使永远无法进行“真正的”实际物体的隐形传送，这并不意味着这种技术的发展是不重要的。即使其形式受到限制，隐形传送仍将证明其在使量子计算机成为现实的巨大作用。正如我们在前一章中看到的，量子计算机依赖量子位，信息通过量子位保存在粒子的量子状态中。这也许非常强大，但是，在计算机内将量子状态安全地从一个地方传输到另一个地方——或甚至在两台量子计算机之间传输也很难。

隐形传送意味着，如果可以提供纠缠粒子（这是目前相对容易实现的事情），仅仅利用一种传统连接，就可以将量子位从一个地方隐形传送到另一个地方。因此，将纠缠光子输送到两个地方的卫星，不仅可用于为量子加密术提供密钥，它还能使两个地方的量子计算机在因特网上交换量子位。

将纠缠的“携带者”粒子从A发送到B，也许看起来似乎与量子位一样困难，但是，最大的区别是那些纠缠粒子是平凡的——它们在到达合适的地方之前并没有携带信息。因此，在现实世界中，沿途不可避免地会失去一些粒子，我们可以想发送多少纠缠粒子对就发送多少对，以确保每个连接端都有粒子供应——一旦达到目标，就可以通过隐形传送来发送我们不能丢失的单个量子位。

在某些方面，我们最近已经达到的隐形传送物体并不包括过程本身最后的隐形传送部分。在2002年底，丹麦奥尔胡斯大学的尤金・玻尔齐克（Eugene Polzik）及其研究小组设法纠缠了两团铯云——每团云包含数十亿原子（每团云约1 000 000 000 000个原子）——实际上是一个物体，即使是相当虚幻的物体的话，而且是一个足够大、能够用肉眼看到的物体。这向前迈出了一大步，因为在这个实验开展前，在很大程度上，纠缠被视为某种至多只能一次适用少量量子物体的东西。

在奥尔胡斯的实验中，激光脉冲通过两个铯样品冲击，推动它们的旋转进入纠缠状态，很像是两个旋转的顶端被同一根鞭子抽打。通过将一团云的磁性状态传输到另一团云，这个步骤证明了部分隐形传送。

我们能够隐形传送有结构的固体——也许甚至是生命吗？即使对单个粒子来说，这也并非无足轻重的挑战。迄今为止，隐形传送实验关注的是粒子的单个属性——例如，它的旋转——但是，要真正隐形传送一个粒子，必须将所有的属性分别进行隐形传送。正如教授阿图灵・埃克特评论道，这一点在“从数学上来讲是可能的，但是在实验室中做起来很难”！

然而，其可能的解决办法是2002年由牛津大学的索格图・博斯（Sougato Bose）和加尔各答博斯学院（Bose Institute）的迪潘克・霍姆（Dipankar Home）研究出来的。如果两个粒子——例如，电子——通过分束器发送，两个粒子都可能沿任一条路径发送，或者每个粒子沿一条路径发送。（正如我们已经看到的，分束器是一种让某些粒子沿一条路径运动，而另一些粒子沿另一条路径运动的装置，如半面镀银的镜子。）博斯和霍姆已经从数学上证明，当电子对分开时，一个电子一个方向，它们应该变得纠缠。原则上，这可以适用于任何经历量子力学“状态叠加”的任何粒子——实际上同时处于两种状态。

这种发现让人兴奋的地方在于，能够进入叠加状态的不仅仅只有最小的量子粒子，如光子和电子。维也纳的安东·塞林格和他的同事已经证明了名字愉快的“巴基球”的叠加。巴基球是有六十个原子的大型碳分子，形状像微型足球。这个名字是科学家想出的某种比复杂音节集合更好的另一个珍贵实例，是“勃克明斯特富勒烯（buckminsterfullerene）”的缩写，之所以这样称呼，是因为其碳分子的结构与美国工程师、建筑师R.勃克明斯特·富勒（R.Buckminster Fuller）设计的曲线优美的穹顶类似。

但是，巴基球并不代表最大的尺寸极限。塞林格的小组已经实现了更大尺寸的分子叠加，其尺寸与活细菌一般大小。原则上，如果博斯和霍姆的技术行得通的话，它可以适用于纠缠处于叠加状态的任何粒子，其中粒子尺寸不大于塞林格的大分子或细菌。

在本书成文的时候，这样的实验还没有开展。在实验要求的条件下（真空、低温等），要使细菌存活有一些实际困难，虽然塞林格建议也许可以从遗传学角度在细菌周围设计一个防护罩。然而，问题在于，做实验和证明量子效应能够摆脱非常小的粒子的限制，影响我们通常认为是“真实”的和有形的物体并不是同一回事。

要看到活的生物，不管是多么简单的生物的传输，仍然还有漫长的路要走。这个过程将不得不从某种类似小晶体的东西开始，然后转向病毒（不是真正的活病毒，而是具有活生物结构更多复杂性的病毒），最后是细菌、真正的活生物体。从真正的活生物体到大型生命，如人类，其间跨越甚至更大，可能永远都是不切实际的。它还需要更多的循序渐进的方法——没有任何方法可以让整个人进入叠加状态——而且人体体内分子的纯粹数量似乎也是无法克服的极限。尽管如此，使越来越大的物体进入叠加的冲动，让安东·塞林格被指责为想要开一辆卡车通过一个干涉仪。

这并非是那种听起来荒唐的破坏行为。这种想法实际上并不是通过将卡车粉碎放入干涉仪之中而破坏干涉仪（干涉仪是一种非常精细的实验室设备，用于测定上文所述叠加实验的干涉）。相反，其想法是，塞林格想要同时派一辆卡车通过同一台仪器的两条不同路径，将它投入到巴基球和其他大分子已经实现的叠加状态。然后，采用一台干涉仪检测其他设备内卡车状态之间的干涉图像。为什么会有如此奇怪的想法呢？

实际上，当人们将想要开一台卡车通过干涉仪的整个想法加到塞林格头上时，塞林格起初似乎很困惑，他否认曾经说过这样的话。这种生动的形象似乎来自于：过去有一种争论，认为采用像卡车那么大的物体永远不可能看到量子干涉，因为卡车比所有量子物体特征的德布罗意（de Broglie）波长要大得多，而塞林格视这种争论为胡说八道而不加理睬。

量子粒子本身的干涉，不管我们是研究电子或巴基球，通常采用德布罗意波长概念来描述——这个概念是：粒子的表现就像它是一种特殊波长的波，产生与池塘中水的波纹相互作用类似的干涉。然而，塞林格指出，卡车争论并不是有效的，因为已经证明具有干涉的大分子本身比它们的德布罗意波长要大得多。“我认为我们不会看到卡车的干涉，”塞林格冷冰冰地评论道，“但是，并不是出于这个原因。”

塞林格差不多是正确的，但是，这并没有绝对否认这种想法：也许有一天可以制造一种隐形传送系统，能够搬运真正的物理对象，甚至是人类。绝对否认是危险的。毕竟，根据著名的规律，试图预测科学的未来常常会出错。

有时候，预测未来时常常过于低估了实际实施的困难，预测的是遥远的发展方向，或甚至是不可能的现实的预测。例如，看看电影《2001：太空漫游》。好吧，它是科幻电影，但是阿瑟·克拉克和斯坦利·库布里克尽力使电影严格反映了当时人们认为是可能的科学。这部电影于1968年上映，我们必须记住，2001年是1968年三十多年后的未来，这段时期的迅速发展是可与从1929年华尔街的大崩盘至动荡的六十年代相提并论的。

《2001》中的某些错误是由于事件的普通随机波动引起的，无法预测。例如，用于到达空间站的火箭是由早已消失的泛美航空公司操作的。在电影拍摄的时候，泛美航空公司是美国航空业最响亮的名字，是一家人们熟悉亲切的公司，没有任何人能够想到它会在1991年垮台。但是，其他的创新被直接植入到预测技术的发展，是相当乐观的。

在配备飞行服务员的商业太空飞船上，或在具有意识和独立思想的HAL 9000计算机上，这一点非常明显，但是更微妙和更富戏剧性的是，电影中出现了投币式公用电话。此外还有大屏幕、全动感视频。然而，在这部电影拍摄后的几年，大屏幕、全动感视频要在现实中广泛存在，仍然有漫长的路要走（我们更可能在因特网上进行视频电话，而不是通过传统电信连接）。

当英国的科普作家约翰·格里宾（John Gribbin）在1995年撰写早期的量子隐形传送时，他描述了班奈特1993年的论文，并且以肯定但有些匆忙的论调讨论了隐形传送的可能性。“考虑到实验人员的足智多谋……在40多年过去之前，一定存在很好的机会，他们将把电子从实验室的一侧发送到另一侧，或甚至发送到世界各地……”事实上，仅仅在两年之后，就对光子进行了隐形传送，不到10年时间，就对原子（或更准确地说，是离子）进行了隐形传送。格里宾的预言成为现实比预测的要快得多。

也许将在20年内实现某种像病毒一样复杂的东西的隐形传送，现在这样说似乎是合理的。安东·塞林格对进一步的发展表示怀疑。“原则上，[可以隐形传送的物体的大小]不存在限制。但是，对足够大的物体来说——可能是任何活的东西——隐形传送仍然只是幻想，但是，谁知道呢！”正如塞林格自己评论道：“一位实验主义者应该永远不使用‘永远不会’这个单词。我们今天正在做的有些实验，十年前我绝对不会相信可能做到。”

想象一下，根据量子纠缠，可能通过发送器发送一个人。这个想法在很多方面都颇有吸引力。原则上，你能够以光速穿越世界，虽然实际中，处理起初的扫描和重新建立所有这些量子状态可能需要耽搁几分钟。然而，是否有人愿意承担可能存在的风险，只是为了更快地到达某地吗？

要进行隐形传送，你体内的每个原子将必须失去其量子唯一性。它涉及的简直就是完全分解。不错，结果将完美地复制你所有的记忆和性格，但是，那还是你吗？如果你相信灵魂的存在，你预计你的灵魂会怎样转移到新的躯体内呢？如果，正如许多科学家认为，你认为你的心灵只不过是肉体的一种机能，那么，对你来说，你的心灵存在完全相同的复制是否就足够了呢？“你”是什么，构成你的意识是什么？

决定比看起来的更困难。毕竟，我们的身体一直在变化，每天都在更换分子。从真正意义上来说，你并不是十年前那个同样的“你”。而且每晚我们都要失去意识，脱离现实，直到醒来。这是不是非同寻常呢？

当然，人就是人，我们可以找到某些人愿意成为志愿者来经历隐形传送。其他人也许发现他们几乎没有选择。很容易想象，战士被隐形传送到遥远的地方，几乎没人会关心他们个人的感觉如何。是否有人会通过那个系统，然后从另一侧出来，这是可能的吗？对任何观看的人来说，他将是到达遥远目的地的同一个人。不是相像，而是相同。即使如此，仍然有许多人，对他们来说，隐形传送永远都是无法接受的，我必须承认，我就是其中的一个。

初看起来，隐形传送是纠缠潜在应用的最极端情况——但是，它只是刚刚开始。有些科学家已经将纠缠与心灵感应、粒子质量的来源以及甚至与生命本身联系起来。

Chapter 8

Curiouser and Curiouser

第8章　奇怪啊奇怪

赞美这深邃的宇宙，

赞美这宇宙中的生命和欢乐、奇异的物体和知识。

——沃尔特·惠特曼（Walt Whitman），《回头看看走过的路》（*A Backward Glance O'er Travell'd Roads*）

我们已经看到的还仅仅只是开始。纠缠不仅是一种突破，而且是一组主要突破的核心。当我们将这门科学建立在一个引爆点上时，甚至很可能将会出现更非同寻常的应用。尽管如此，伴随纠缠的整个基础，甚至在这个阶段，仍有小部分科学家并不高兴，对于目前为止不容置疑记录的纠缠效应的存在，他们实际上持否定态度。

这些怀疑没什么新意。正如我们看到的，爱因斯坦对量子论感觉不安，这些年来，还有许多人对我们看到的世界——具体的、可靠的、充满可以识别的、你放在哪它们就在哪的物体——和没有什么与看起来真正一样的量子世界的公认模型之间的不一致觉得不安。主流方法差不多是假装这种分歧并不存在，采取“关于此，我们不能做什么，因此，我们最好还是忽略不计”的态度；但是，有些理论学家继续为量子论和观察到的世界之间的分歧担忧。这种不安已经导致了对量子现象的许多替代解释，大多数值得注意的是解释量子物体有时看起来像粒子而有时像波的奇怪双重性（这种双重性表明，量子物体确实同时是两者）的方式，或者，值得注意的是通过从理论上阐明每次一个事件发生时，将世界一分为二，建立如第二章所述的多平行宇宙来解释观察到的量子特性的理论。

这些量子论的不同诠释在有关量子力学的书本中得到了广泛的讨论，不需要在此处深入讨论，因为它们与纠缠的相关性有限——最后，我们知道纠缠在实验上行得通——但是，重要的是解决对量子世界中因缺乏物质，差不多是缺少现实性的关注，这一点继续引起人们，甚至是该领域的专家，如约翰·贝尔（John Bell）等感觉担心。

简单地说，许多人真正关注的问题是："组成世界的成分怎么可能是模糊的事物呢，有时是粒子，而有时是波，粒子或波甚至都没有清楚的位置？具体、实际的物体，比如说我的桌子，怎么可能实际上是性质如此模糊的实体的集合，它们怎么可以在宇宙中的任何地方（变化的概率）呢？"我认为，当研究这种问题时，提醒我们自己——如第二章中我们讨论的史莱克和洋葱那样——科学，尤其是物理学，是关于构建模型，而不是关于定义绝对现实性的科学，这是有用的。

我们永远无法直接检查光子或电子。我们无法处理它们、触摸它们、看到它们或尝一尝它们的味道。虽然光子可以触发我们的视觉神经，产生视力，但是，我们无法"看到"光子，而是我们的眼睛对光子从别处携带的能量作出的反应。我们无法像拆开一只钟一样用手分开一个原子，看看它到底是怎样作用的。所有我们能够做的是建立一个心理模型，一种量子物体的物理学比喻，来看看这个模型与现实的相符合程度。我们询问在不同情况下这个模型将会怎样作用，并将其与现实世界的反应进行对比。

这种模型对物理学的重要性可以通过一个古老的玩笑得到很好的阐

明。在这个玩笑中，谈到通常将人群中科学家与其他人分开的极好方式（科学家是人们嘲笑的人，而其他人只是看起来觉得困惑，或礼貌地笑一笑）。

> 有三个人——一个遗传学家、一个营养学家和一个物理学家——正在争论赢得赛马的最好方法。遗传学家说：“如果你依照良好的遗传原则，赢得比赛就不会有问题。只要选择获得胜利的赛马进行繁殖，筛选获得胜利的特性，经过几代，你应该就可以拥有自己跑赢比赛的赛马了。”营养学家说：“不，你错了。我不否认遗传的重要性，但是，为了确保一匹赛马赢得比赛，我们要按计划给这匹赛马提供饮食，并进行适量的锻炼，这样，才可以确保它的状态最好。”物理学家伤心地摇了摇头。“看，”她说，“让我们想象赛马是一个球体……”

这个玩笑的要点在于，物理学通常通过采用某些我们确实知道的东西，在玩笑中，球体是作为模型来代替某些我们知道得较少的东西（在这个玩笑中是赛马）。通过巨大的简化来研究。当我们将光或电子描述为波或粒子时，我们真正的意思是，我们正在使用波的模型（就像我们在海上看到的实际的、真正的波纹）或粒子的模型（像一束非常非常小的尘粒）。但是，这并不应该意味着光或电子是波或是粒子。虽然，抓住某些我们熟悉的东西颇有吸引力，但是，我们必须记住，我们讨论的是一个模型，而不是真正的事物。

那么，光或电子是什么？光就是光，电子就是电子。它们恰巧有时表现得与波和粒子很相似，当我们试图预测它们将怎样表现时，这非常有用，但是，这并不是它们。如果你能看到这一步，整个量子论关注所占的比重是合适的。光子出现立即通过两个狭缝的唯一原因或在任何距离起作用的纠缠有点古怪，就是我们让模型左右了，我们把它们看得过于重要了。

这并不意味着发生任何事情。我们的模型非常有用，我们可以继续对这个世界能够做什么，像什么（与其是什么相对照）作出越来越好的预测，但是，我们不应该期望利用模型可以获得绝对理解。

这给投机者们制造了一个陷阱。我们正在讨论现实性模型这个事实，以便容易提出各种实验中没有任何直接基础的想法。例如，纠缠可以解释各种现象，例如，有些人争论，意识是一种涉及纠缠的量子现象，但是，大脑机理的生物证据表明，没有必要诉诸如此复杂和精细的现象，来解释看起来非常稳健而不变的能力。

但是，这并不会让所有的推测毫无价值。它不仅能够催生崭新的、奇妙的想法——在20世纪初，可以证明的是，所有的现代物理学都起源于挑战传统科学的少量活跃的推测——而且，它还非常合理地动摇了顽固而自满的思考。一段必将引起轩然大波的有关纠缠的可能自然应用的推测，是由获得诺贝尔奖的物理学家布莱恩·约瑟夫森（Brian Josephson）在2001年提出来的。

约瑟夫森已经被科学界遗弃。他得到人们的承认，但很少得到诺贝尔获得者应该得到的尊重。约瑟夫森总是行为古怪，不合传统——导致他发现约瑟夫森结——为他赢得诺贝尔奖的量子装置的最初灵感来自，当他只是一个研究生时，他准备在一个会议上站起来挑战一位年长、经验丰富的物理学家（并且是一位诺贝尔奖获得者）提出的结果。

最近，约瑟夫森领衔心物合一项目，这是剑桥凝聚态物质理论研究组的一部分。在他的后期职业生涯中，约瑟夫森做了许多科学家认为非常离经叛道的事情——他显示出非同寻常的开放思想，而这被许多人认为只不过是上当受骗罢了。

当试图推进科学知识时，存在一个基本的二分法。如果你具有完全开放的精神，对所有可能性都进行试验，你就会永远陷入徒劳无益的追求中，永远也无法追求有用的指引。但是，另一个极端也一样糟糕。它很容易忽略与目前思想相反的东西，这是不可避免导致停滞不前的原因。在崇拜权威的年代，人们认为不应该争论已经公认的观点，这种态度将使我们很难进一步发展。这种精神使科学从古希腊一直到科学复兴时代停滞不前，少有发展，直到被伽利略和牛顿等人摒弃。现在，我们应该已经了解，只有提出问题才能收获智慧。

老实说，约瑟夫森显示了开放心灵的某些优秀属性及糟糕属性。他准备调查有关自然和宇宙的非常不同的思考方式——使牛顿提出有关光学的新观点，或爱因斯坦提出相对论的观点的方法。但是，同时，他对通常摒弃的概念，如水的记忆作为顺势疗法的明显效果进行解释，导致科学界倾向于摒弃他所说的一切。约瑟夫森也许并不总是对的，但是，牛顿、爱因斯坦或费曼也一样。事实上，他的同辈对他的态度让人吃惊，他们认为，约瑟夫森研究的某些领域就不值得研究，甚至这些领域因为约瑟夫森感兴趣而受到连累。

约瑟夫森的工作的一个证明是他对出乎意料的事情的热情。许多书本援引他说贝尔的不等式是“物理学中近期最重要的进步”。当我问他为什么这样说时，他告诉我这是因为“它以明确的方式表现了自然的奇特性。没有远距连接，你无法拥有因果模型”。奇特性是某种约瑟夫森明显喜欢的东西。

布莱恩·约瑟夫森常常有许多矛盾的想法，这些想法并没有在物理学的小世界外面引起什么麻烦，但是，他的公开声明之一引起了简单的骚动，扩散到了更广阔的世界中。有关纠缠的推测——任何人，包括约瑟夫森都没有任何异议，这是除推测之外的东西——伴随一系列纪念邮票，以小册子形式出版的东西。

2001年10月2日，英国皇家邮政发行了一套邮票，庆祝诺贝尔奖设立一百周年。共有六种邮票，每种邮票对应一种诺贝尔奖。对于邮票的介绍内容，皇家邮政委任六个相关诺贝尔奖得主撰写“诺贝尔感想”。哈罗德·克罗托爵士涉及化学，詹姆斯·莫里斯（James Mirrlees）教授谈论经济学，詹姆斯·布莱克（James Black）爵士谈论医学，约瑟夫·罗特布莱特（Joseph Rotblat）爵士阐述和平主题，谢默斯·希尼（Seamus Heaney）谈论文学，布莱恩·约瑟夫森讨论物理学。

每种邮票都有一些独特的特点。物理学邮票本身的特点是一幅硼分子的全息照片；和平奖邮票是具有独特纹理的压花；生理学和医学奖邮票一擦即散发出桉树香味；文学奖则将T. S.艾略特（T. S. Eliot）的《对猫儿的态度》微缩印在邮票上；经济学邮票的特点是凹雕的标题行；化学奖邮票是一幅只有在加热时才会显示内容的热变色油墨图像。然而，约瑟夫森在他的感想主题中自由驰骋，他决定描述纠缠，在他非常简短的文章中包含了一则惊人的推测。

> 物理学家试图将自然的复杂性降低到一个简单的统一理论，其中最成功、最普遍的理论是量子论，其中有几个人因为量子论获得了诺贝尔奖，例如，狄拉克和海森堡。一百年前，马克斯·普朗克最初的想法是解释热物体辐射的准确的能量数量，开始了以数学形式捕获神秘的、难以捉摸的、包含“远距神秘相互作用”世界的过程，然而，却又足够真实，导致发明了激光和晶体管等。
>
> 现在，量子论与信息学和计算学理论结合而硕果累累。这些发展也许可以解释传统科学中仍然无法理解的过程，如英国人处在前沿的研究领域——心灵感应。

在最后一句中，约瑟夫森对那些藐视开放心胸的人提出了挑战。实际上，他是认为，如果存在心灵感应，其工作的机理可能是量子纠缠。由于心灵感应的存在缺乏有说服力的实验证据，约瑟夫森是故意挑衅，他的批评者立即作出了回应。2001年9月27日，在著名的《自然》杂志的一则标题为《邮票小册子痛击物理学家》的新闻中，埃里卡·克雷克（Erica Klarreich）全然不顾典型的英国式克制，描述了真实的激烈反应。

她评论道，布里斯托尔大学的物理学家罗伯特·艾文斯（Robert Evans）谈到他对皇家邮政发表的宣称量子物理学与心灵感应有关的文章"非常不舒服"。克雷克还援引皇家邮政发言人凯瑟琳·霍林斯沃思（Kathryn Hollingsworth）的话说："如果他的说法缺乏科学基础，也许我们应该对此进行检查，但是，如果他因为自己的工作而获得了诺贝尔奖的话，我们应该相信他。"

不久以后，《观察家报》对论战推波助澜。《观察家报》是英国最受尊重的星期日报之一，它绝不是什么庸俗的黄色小报。科学编辑罗宾·麦凯（Robin Mckie）告诉读者："科学家非常愤怒，"并援引牛津大学、约瑟夫森的老对手戴维·多伊奇（David Deutsch）的话说，"完全是垃圾……皇家邮政被蒙蔽，让自己支持完全的满嘴胡言。"

约瑟夫森在致《观察家报》的一封信中及在英国主要的国家电台时事秀节目《今日》的采访中进行了回击。《今日》节目以严格盘问政治家，而不是探索科学的复杂性而著名。让人感兴趣的是，争论针对的并不是量子纠缠是否可以提供心灵感应的机理，而是陷入了心灵感应是否存在这一由来已久的"战场"。辩论可以总结为"心灵感应并不存在，因此，没有必要对它进行解释"，而约瑟夫森在他的回应中援引了心灵感应各种可能的实验证据。

约瑟夫森是否攻击错了目标呢？由于心灵感应仍然是神秘的巫术的主题，而不是自然科学研究的主题，所以很难说。然而约瑟夫森的推测并不仅仅是建立在这一想法上：心灵感应可以与量子论相联系，“因为不管怎样，它们都是非常模糊的”，正如揭穿所有超自然现象的专业怀疑者“伟大的兰迪”在《今日》上宣称的那样。兰迪谈论量子论并非大材小用。约瑟夫森的评论是基于心灵的推测理论，这也许正确抑或不正确，但是，确实为他的推测提供了合理的连接。

我最近在剑桥碰到了约瑟夫森。在这所大学不协调的、超级现代的数学和理论物理学系，而不是古老的镶板公共休息室中，我们过着传统大学教师的简单消遣生活，喝着下午茶，我问约瑟夫森，他在邮票介绍中写的那篇文章的目的只是挑衅还是非常严肃。他停顿了一会儿，然后平静但坚决地说：“两者都有。”

布莱恩·约瑟夫森觉得在生物学和量子力学之间存在结合的机会。他指出，纠缠已经证明系统的不同组成可以远距连接——如果心灵感应被证明存在的话，它可以包括具有类似远程连接的大脑的生物系统部分。“对量子力学的真实理解让我们逃避：我们倾向于拥有过于局部的自然观点。”

虽然心灵感应的存在仍然有很多争议，但物理学家已经想到了用一种假想实验来证明吉勒斯·布拉萨德所称的伪心灵感应。正如我们在第五章中看到的，纠缠并不能以比光速更快的速度发送一则信息，但是，纠缠连接可能赢得一场比赛，否则，这场比赛需要通过通信来获得成功。就像许多游戏后面的数学——博弈论一样，在人类的相互作用中具有潜在的真实应用，在某种意义上全部都是游戏的形式——但是，让我们首先看看纠缠是怎样帮助玩家的。

博弈论也许听起来像赢得“大富翁”或赢得“半条命”游戏的方法，但是，与往常一样，科学研究的是现实的简化版本。许多博弈理论取决于两人或多人简单选择采取的行动。通常，玩家交流的能力有限。根据他们个人分别作出的选择，他们也许共同赢得胜利或失败。通常，博弈论研究单个行动的战略而不是整个游戏的战略。

也许，游戏理论词汇中最著名的实例是“囚徒困境”，它被用做合作的模型，一种冷战中大多数思想背后隐藏的模型。将军和总统的顾问根据这种非常简单的游戏指出文明生存的数学，这是一种清醒的认识。

在囚徒困境中，最简单的情况是有两个囚犯，分别锁在隔开的单间中，彼此无法交流。每个玩家都可以选择合作或背叛另一名囚犯。如果两个人合作，每个人都得到正面的结果。如果一个人合作，另一个背叛，背叛者得到的利益比他或她从相互合作中得到的利益更大，合作者得到更严重的负面结果。如果两个玩家都选择背叛，结果是两人都得到更微弱的负面结果。

	第二名囚徒合作	第二名囚徒背叛
第一名囚徒合作	两者都在某种程度上受益	第一名囚徒处境糟糕，而第二名囚徒受益很多
第一名囚徒背叛	第一名囚徒受益很大，而第二名囚徒处境糟糕	在某种程度上，两者处境都糟糕

图 8.1　囚徒困境

在假设另一名囚徒可能背叛的情况下，玩家的“合理”行动似乎是背叛。毕竟，通过背叛，玩家可以确保如果另一名玩家也背叛的话，他或她遭受的最坏处罚情况较为温和。如果另一名玩家合作，结果将是正面回报。然而，孤单的背叛玩家的奖赏只能来自另一名玩家付出的代价。两人合作的双赢局面既在道德上更可取——每个人都受益——而且在长期的系列游戏来看总体情况更好。毕竟，两人之间的大多数相互作用涉及的不是一次而是一系列“游戏”。如果一个玩家一直背叛，另一个玩家可能会报复——这使得系列游戏将以两者都失败而告终。

囚徒困境在冷战中的应用包括先发制人的核武器打击。有些人争论说，规模够大的核武器打击将可以一次性解决游戏——不存在系列事件，因为敌人无法继续参加“游戏”。这导致他们冷漠地建议合理的方法是抢占先机，摧毁敌人。谢天谢地，共同的人性倾向使“玩家”——美国和俄罗斯——采用双赢的战略。

博弈论的部分观点是寻找最佳地处理任何特定情况的战略（毕竟，这只是名义上的游戏）——正是在这里，纠缠可以有所帮助。让我们想象一个非常简单的游戏：我们阻止两个人交流。这里“阻止他们交流”的要求是绝对的。我们并不信任我们的玩家——我们必须假设，如果他们能够做到的话，他们会欺骗我们。调查他们，或对两人所在地的无线电交流进行屏蔽并不足够。这两人非常聪明。我们必须假设，如果确实可能欺骗的话，他们将找到一种方法来欺骗我们。

幸运的是，爱因斯坦为我们提供了一种必定成功的防御。让我们将一名玩家留在地球上，并将另一名玩家送到火星上（这只是一个假想实验——在实际中并没必要这样做）。现在，对他们的平均距离来说，一束光从一个星球到达另一个星球的时间是4分钟。那束光可能是最快的事物了。我们已经证明，即使采用纠缠连接，也无法以更快的速度发送一则信息。因此，我们要做的是坚持在每个玩家听到他们必须作出选择的4分钟内作出反应（选择同时宣布）。那样，即使他们确实交流，他们必须在交流从一人到达另一人之前作出选择。这极为简单——并且在技术上得到论证。玩家无法通过任何方式的秘密合作来进行欺骗。

然而，我们还必须确保游戏本身不会因采用聪明的、预先安排的、不需要随后进行交流的战略而被打败。简单的游戏通常很容易克服这种方法，一种在舞台上常常使用的技术，看起来似乎具有心灵感应的特征。这里是一个可以愚弄大多数人的明显的心灵感应的简单范例。心灵感应的一方被赶出房间。当她待在房间外面时，待在房中的观众选择一个物体。然后，外面的人回到房间，“表演的”心灵感应专家开始指着房中的物体。他的同伙每次都回答“不是”，直到他指到那个正确的物体，她回答“是”。

惊异的是，你可以重复这个练习许多次，随你喜欢指定任何物体，观众可以采取他们喜欢的任何预防措施（除了蒙上表演者的眼睛）。这种花样没有任何直接交流而百试不爽，它依赖的纯粹是战略。在这个例子中，两个心灵感应专家商量好，在正确的物体之前的物体具有某种特别的颜色。比如说，蓝色。表演者在房中转来转去，指着一个不是蓝色的物体。倒数第二个指向的物体是蓝色。这样，就得出了实际的选择。哟，你瞧，真让人惊奇，同伙说“是的”。这是必须避免的欺骗战略。

让我们回到我们的两个玩家，他们一个在地球上，一个在火星上，让他们玩可以想到的最简单的游戏。每个玩家被要求说“是”或“不是”。如果他们的结果相同，玩家失败。如果他们的答案不同，则玩家赢。如果每个人随机选择他们说的单词，我们预期这有点像抛硬币。有一半的时间他们将得出相同的结果而使游戏失败。有一半的时间他们将得出不同的结果而赢得游戏。（当然，这是平均情况。任何特定回合都将是确定的赢或输。）但是，采用简单战略，他们可以一直赢得游戏。

最简单的是，地球上的玩家总是说“是”，而火星上的玩家总是说“不是”。每次都是赢家，在整个游戏中并不需要进行任何交流。或者，让它更有趣的是，在每个奇数回合中，地球玩家说“是”，而在每个偶数回合说“不是”，而火星玩家则反过来。你可以想象一下，在越来越多的战略规则级别中采用你的战略，使猜测变得看似随意，但实际上并不如此。

这并不重要。你可能会说：“那又怎样？”游戏有趣的原因是：如果量子纠缠可以起到作用的话，可以对他们采用另一种复杂性水平，仍然，实际上显然将他们打败。也许这种实验的最佳例子是由马萨诸塞州伍斯特理工学院潘德马那巴汗·阿拉温德提出的。他的游戏涉及一个三乘三的方格，其中两个玩家必须将0或1放成一排或一列。

1	0	0

地球

1		
0		
1		

火星

图 8.2　游戏失败——在地球上，交叉的方格是1，而在火星上是0。

游戏的规则看似古怪，但是，对示范工作是必需的。一个玩家处理“魔术方格”的行，而另一个玩家处理列。当一个回合开始时，地球（比如说）在第二排，而火星在列1。在四分钟交流障碍被破坏之前，地球上的玩家必须在行中填写，而火星玩家必须在列中填写。他们可以在每个方格中填上0或1，但是，地球上玩家的数字加起来必须是一个奇数，而火星上的玩家加起来必须是一个偶数。玩家要想赢得比赛，两个玩家填写的方格——形成他们各自的行和列重叠的方格，必须是相同的数值。

这个游戏和是/不是游戏的区别在于，它不可能事先达成一个战略，使得赢得游戏的机会比随机选择的机会更大，因为远距离玩家并不知道另一个星球上的玩家选择的是哪一行或哪一列。

这就是聪明之处。游戏的组织者允许参与者携带许多纠缠粒子。毕竟，我们知道，不可能通过纠缠连接发送信息。但是，当行和列的数字被宣布时，每个玩家拿一对粒子，并通过与已经选择的行或列对应的量子门来放置它们。在合适的量子门转化后，玩家可以读出一对数值。地球也许是1 0，火星也许是0 1。这些数值用于方格中的前面两个数字，第三个数字从奇/

偶原则推算出来。

1	0	0

地球

0		
1		
1		

火星

图 8.3　赢得游戏——地球和火星的交叉方格都是1

结果是随机的——两个玩家之间并不存在信息交流——但是，由于神秘的纠缠连接，结果保证了选择的方格将赢得胜利。

仍然不存在发送信息的方式，但是，仅仅通过量子连接，这种纠缠应用就最接近分享真正的信息。对游戏本身而言，游戏并不会改变世界；尽管如此，还是很容易看出为什么布拉萨德把这称为伪心灵感应。它真的看起来好像两个人之间存在某种心灵联系，因为在游戏的时间内玩家之间不可能传递信息。

虽然这个游戏也许在真实世界不会有任何实际应用，但是，还存在其他与商业和政治谈判对应的其他应用，正如囚徒困境游戏是核僵局的粗略模型一样。一个有趣的可能性是，从“魔术方格”纠缠游戏推导的系统可以通过隐藏的输入，促进谈判得到更公平的结果，借此，有些贡献者可以利用别人的慷慨而占便宜。总之，这不同凡响地证明了纠缠能够将真实世界和量子世界之间的界限推动多远。

因为伪心灵感应披着博弈论特别的数学逻辑外衣，它并不像其他有关纠缠的推测那样激起同样的负面反应——约瑟夫森有关真实的心灵感应的建议遇到的部分负面反应，可能是因为量子论不幸吸引了非科学家的注意。这些非科学家因为量子世界的奇特性和东方哲学的神秘想法之间明显的相似性而受到鼓舞。不幸的是，尽管不可避免，量子理论已经比任何其他科学领域引起了更多的哲学讨论。

毕竟，正如量子纠缠所演示的那样，量子世界并不受到我们期望“正常”世界的相同方式的束缚。测量改变量子系统的纯粹事实为量子科学带来了人类的味道，这使它尤其吸引人。量子科学必须接受实验者存在并且是实验的一部分，这种承认要求后现代主义敦促否认客观性的存在。按照现状来说，虽然每个人都同意量子论非常善于预测我们经历的现象，对于它的阐释却总是存在争论，对某些认为量子物理学与东方哲学和宗教联系紧密的人来说，这种“不明确”颇有吸引力。

迈克尔一谢尔默（Michael Shermer）是《科学美国人》的怀疑论者，他指出“新时代科学家”很容易捡起一些量子术语，拼凑出几乎没有什么真实科学准确性的想法。谢尔默从中挑出一个伟大的例子，物理学家默里·盖尔曼（Murray Gell-Mann）称为“量子胡说”的一部名为《我们知道什么是#$*!》的电影。谢尔默引用电影中一名科学家的话说：“我们周围的物质世界只不过是意识的可能运动罢了。我每时每刻都在选择我的经历。海森堡说原子不是物质，只是倾向。”谢尔默向这名举例的科学家挑战，从二十层楼的大楼上跳下来，试验他落到地面上变扁的倾向。

也许，对量子论在某种程度上是古老东方智慧的证明这一想法影响最大的是盖瑞•祖卡夫（Gary Zukov）1979年的一本名为《与物理大师共舞》的书，这本书虽然已经非常过时，但是今天仍在出售。虽然，该书的原意是描述现代物理学，而并不是要包容东方哲学，但是，祖卡夫用很大篇幅阐明了量子物理学的各个方面，这些方面将吸引光有想法却没有行动的一代，并强调了不存在如我们理解的客观性、超越现实性的真实的观念。祖卡夫对量子物理学神秘性质的描述及量子物理学的哲学关注有点离题太远。正如约翰·贝尔（John Bell）评论道：

> [盖瑞·祖卡夫]在文中让人对物理学发生的事情产生了错误的印象。人们并非都拼命地讨论佛教和贝尔不等式。只有极少数人这样做，而他的书给人的印象是我们一直都在这样做。

当祖卡夫解释在中国（sic）物理（Wu Li）用于表示物理学（physics）时，他建立了日程，以特殊的方式来解释所有事情的程度，从他这本书的前面部分就可明显看出。物（Wu）指的是物质或能量，理（Li）指的是普遍秩序、普遍规律或有机模式。祖卡夫因此将物理学阐明为“有机能量的模式”，这种描述非常漂亮地充满了新时代的感觉，如果实际上毫无意义的话。他并没有指出，根据他的定义，物理学的这个术语可以同样解释为“能量/物质的普遍规律”，这更是科学界中每个人通常认为的方式。

祖卡夫对贝尔不等式非常激动。在他写这本书的时候，证明纠缠的第一个实验已经开展了，但是艾伦·阿斯派克特仍然在做他的开创性工作。即使如此，祖卡夫的步伐似乎走得太远。他说，如果实验证明了量子理论的有效性，贝尔不等式摆脱了“局部原因”。在这里，他作出了不合情理的转变，从小的、非常具体的发现转变到宇宙作为一个整体的主要论断。

祖卡夫假设，纠缠粒子可能展现爱因斯坦的“远距神秘作用”这一可能性，使其能够断言：所有局部因果关系都将从窗户扔出去。这是不顾这一事实：据我们当时所知，纠缠是一种非常难以构建的脆弱状态。他推断所有东西都被连接，一切即一——我们回到了东方的、整体论的、整体论的因果报应理想。不幸的是，这一步走得太远。贝尔不等式和证明其结果的实验并没有表明所有事物都像祖卡夫认为的那样纠缠。

祖卡夫的书非常成功，但是，虽然它确实向以前从未听说过物理学的读者介绍了现代物理学，甚至它还不可避免地使科学家更加谨慎地防止量子纠缠被极端分子所用。这有助于解释约瑟夫森文章的遭遇。

然而，约瑟夫森的命运，并没有阻止其他严肃科学家作出有关量子纠缠的引人注目的预测，甚至有些也许更加非同凡响，但是并没有产生任何相同的反响。

在所有纠缠的推测中，最引人注目的想法来自物理学家维拉特科·维特拉，他直到最近还在伦敦帝国大学的布莱克特实验室。

维特拉2003年在令人肃然起敬的《自然》杂志中发表了一篇文章，他利用了某些新的研究，提出了非同凡响的建议，将纠缠和生命本身相联系。

这个实验由芝加哥大学物理系和詹姆斯·弗兰克（James Franck）研究所的新哈密特拉·戈什（Singhamitra Ghosh）及其在英国伦敦和美国威斯康星州的同事开展。当察看锂盐的磁性能如何随温度变化时，出现了令人吃惊的结果。锂盐的磁性比预期的要更强烈——比充当小磁场的原子更强，比采用经典物理学能够解释的排列得更整齐。但是，如果假设原子纠缠进行计算，结果与观察到的结果非常吻合。

看起来似乎是，量子纠缠不仅能够影响粒子对微小个体的行为，而且也能够影响整个磁结构。这说明纠缠使某种能够触摸、捡起，并且不是非常小的粒子的磁场强度发生变化。更重要的是，戈什和他的合作者还证明，锂盐的其他性能，包括热容，受到纠缠的影响。

正如维特拉指出的那样，这表明，纠缠对这种物质的行为——我们通常经历的和衡量的层面的行为至关重要，甚至少量纠缠可以在人类尺度世界——纠缠物理对象的“真实”世界产生明显的效应。借助这种观察，维特拉准备进行一次推测性的跳跃。

他指出，量子论是我们对原子如何作用的最准确描述，隐含了我们知道的关于化学的所有东西。化学，反过来，为生物学提供了可以操作的机理，包括那些推动我们的新陈代谢和繁殖的东西。“因此，也许量子效应不仅主宰无机物质的行为，而且神秘的纠缠对生命的存在也是非常重要的。”维特拉提出了这样的结论。

我们的存在可能是通过纠缠才成为可能。

请注意，这一点与祖卡夫的想法完全不同，后者从涉及两个粒子的实验一路跳跃到“整个世界都像这样”——而维特拉采用了更具逻辑性的方法，从实验观察逐步推进到作出推测。即使如此，他的想法看起来极度不可能，正是因为纠缠非常难以实现。我们在前面几章中看到的纠缠实验起初是非常脆弱的，例如，对纠缠光子来说，在光纤中只能维持大约20公里（12.5英里），这种限制使纠缠的寿命只是一秒的极小分数。如果纠缠如此脆弱，容易退相干，那它又怎能承担生命现象的稳健、长久持续呢？

有时候引起争议，但受人尊敬的英国物理学家罗杰·彭罗斯（Roger Penrose）指出，实际上，这差不多就像是由后往前看待事物。从量子粒子的性质来说，纠缠是事物正常的状态。纠缠的存在并不那么让人吃惊，因为它并不是物理界的主要效应。纠缠应通过构成所有物质的量子粒子不受干扰地自然波动，正如虚构的九重冰晶体将在水中爆炸性扩散一样。

九重冰只是一个纯粹的概念，出现在美国极富想象力的科幻作家库尔特·冯内古特（Kurt Vonnegut）的小说《猫的摇篮》中。他描述了新发现的冰的形态，它非常稳定，只能在114华氏度（45摄氏度）下融化。如果水进入九重冰形态，在正常气候条件下，它将永远无法从那种形态中出来。如果九重冰的晶种被扔进湖中或海洋中，它将完全失去控制地扩散，从海岸扩散到海岸，冻结所有的水资源供应，摧毁地球。

幸运的是，九重冰并不存在（虽然它出自非常奇妙的灵感），不过，存在一种名字与九重冰有点像的IX冰，是一种在极低温度下形成的冰。然而，这种冰在室温下不稳定，而且，不管怎么说，并不具有与九重冰相同的性能。但是，扔一个晶种，然后迅速扩散到所有事物的这一想法，看起来似乎是纠缠事物的自然状态。

据彭罗斯称，纠缠的扩散并不会失控，其原因是观察这一行为把它破坏了。我们在纠缠的所有应用中都看到了这一点，彭罗斯设想这一点在宇宙中发生的规模更大。他认为，自然连续不断地测量量子物体，破坏了纠缠。罗杰·彭罗斯所指的并不是奶牛在田野里拿着卷尺测量，或星星忙于使用干涉仪，他指的是宇宙中所有不同物体彼此之间的影响——它们的接触、运动和对光的反应——都相当于测量，而这种测量破坏了纠缠本来特有的状态。其他物理学家，如纽约大学的托尼·萨德伯利认为，并不是观察破坏了纠缠，而是，因为我们本身是纠缠世界的一部分，我们无法超越我们自己的纠缠成分。

最近，维拉特科·维特拉（Vlatko Vedral）还提出了纠缠在宇宙中的作用的令人惊异的可能性。维特拉现在是利兹大学量子信息科学的世纪教授。2004年，维特拉利用纠缠来解释超低温世界中的奇怪效应，但是，他的解释也提出了在物质本身性质中纠缠基础作用的可能性。

当物质处于极度低温，接近最低绝对极限温度-273.16摄氏度（约-460华氏度）时，在这个温度下，原子运动应该停止，严格来说，温度不再存在，与室温相比，它们的行为更强烈地受到量子力学效应的影响，导致发生看起来似乎不自然的反应。某些物质，如氦，变成超流体，完全没有黏度。据布里斯托尔大学的物理学家菲尔·米森称：“如果你在超流体中拍手，就好像在真空中拍手一样。就好像那里没有任何东西。”当然，实际上，如果你的手温接近那个温度，它们毫无疑问会变得粉碎，但是，这个想法的重点在于在超流体中，物理运动根本不存在任何阻力。

如果你让一个超流体环开始转动，它将会永远转下去——没有任何摩擦让它停下来。最著名的是，超流体将像幽灵一样试图从容器中爬出来，因为不存在摩擦来阻止分子的自由运动。在这些令人难以置信的低温下，某些物质变成没有任何电阻超导体，可以完全传输电流。发生的最奇特行为之一是迈斯纳效应。这种效应是沃尔特·迈斯纳（Walter Meissner）和罗伯特·奥森菲尔德（Robert Ochsenfeld）在1933年发现的。

将一个重量较轻的磁铁放在一个超导体上，磁铁将上升，浮在空中。磁铁在此超导体中产生电流，使超导体产生了自己的磁场。一种简单的观点是，超导体是一种理想导体，因此，使磁铁产生的电流完全流动，产生与原磁铁相斥的电磁体。实际上，事情比这更复杂一些，因为要产生电流，要求磁场运动或变化。只是将磁铁放在理想导体上面，并不能产生迈斯纳效应。

需要将一块磁铁放在一种将要变成超导体的物质上面，磁铁的磁场穿过这种物质。但是，当物质通过使其变成超导体的临界温度冷却下来时，电流开始在新的超导体表面流动，有效地推动磁场离开物质，并同时带上磁铁离开物质。这样，磁铁就浮起来了。维特拉认为，这种效应是超导体表面纠缠电子引起的，为电磁场的光子提供了有效的质量，让它们挣扎着通过物质，就好像是量子浆一样。

如果情况果真如此，维特拉的推测理由充足，也许纠缠还可以解释日常事物的质量。将物质的粒子连接在一起的力通常归因于中间无质量的粒子，如光子。光子不仅仅为我们提供光和其他电磁射线，而且还在物质的粒子之间不断地跳跃。人们无法看到这种跳跃。

但是，如果所有自然力是通过无质量的介质，如光子传输的话，它们应该无限延伸——然而，在实际中，大多数力的范围受到限制，而且大多数介质粒子具有质量。这种奇特性可通过神秘的、难以捉摸的被称为希格斯玻色子的粒子来解释。

在这里，我们需要介绍一点背景知识。玻色子，和光子一样，是量子粒子的两种类型之一（另一种是费米子，如电子）。玻色子可以分享量子状态，而费米子不能。希格斯玻色子是一种假设的粒子，目前仍没有任何人看到过。人们进行了种种尝试，偶尔整个概念都被宣布无效，但是，不管怎样，至今为止仍然找不到任何证据。

这种概念是在20世纪60年代由爱丁堡大学的彼得·希格斯（Peter Higgs）为了解释物质从何而来及为什么不同的粒子具有不同的质量时提出的。每种自然力都具有对应的场，一种通过玻色子交流、自然力在其中作用的环境。电磁场的载体是光子。希格斯想象还存在一个磁场原剂——决定质量的希格斯磁场。根据这种理论，粒子的质量来自它与光子的希格斯等效物——希格斯玻色子的相互作用。

这些希格斯玻色子仍然颇具争议。它们可以很好地解释目前的理论和观察到的现象，但是，没有人曾经见过这些所谓的“上帝的粒子”（之所以这样称呼它们，是因为它们赋予其他粒子质量这一基本作用）。回到2001年，有些推测认为玻色子并不存在，因为并没有发表应该显示它们存在的实验，但是，人们仍然广泛认为，它们也许是真实存在的——实验家说，我们只是没有足够强大的粒子碰撞机来俘获这些难以捉摸的希格斯玻色子。现在，政府常常取消碰撞机项目，因为它们是如此昂贵，从而延迟了任何可能的发现。

现在，有趣的事情是，人们认为，希格斯玻色子通过排斥介质粒子而对它们施加作用，有效地将它们推出去，正如超导体中的电子排斥磁场的光子一样——但是，对于发生这种现象的原因还不存在任何解释。维特拉认为，如果希格斯玻色子是纠缠的，这将可以解释它们的行为，正如迈斯纳效应中的排斥一样。

目前，这并不是详细的理论，而只是一种推测——但是，与微普西（心灵感应）效应不同的是，希格斯玻色子（本身还从未被看到）被认为是主流科学，因此，在纠缠的这个方面，即纠缠是物体具有质量的基本机理部分，被认为是可以接受的假设——它极有可能被证明是正确的。如果希格斯玻色子——“上帝的粒子”，真的是“纠缠作用”的，那么，结合纠缠的无限到达和非凡的结果，从而称呼纠缠为上帝的效应似乎并不过分。

尽管七十年或七十多年来，怀疑者对其进行种种攻击，但是，纠缠并不会消失。每个实验都让我们更近地认识到在量子级别上世界是多么奇怪。即使像阿尔伯特·爱因斯坦这样具有独创性的思想家，其自然倾向都是否认量子论的可行性，但是，并没有证明一个可以接受的策略。量子理论行得通，管用。

这不应该是任何新的东西。当你读到这本书时，你正坐在一个设计和制造都明确使用量子技术装置的一码范围之内，这种机会是很高的。在雷达的开发中，以光学开始，然后是电磁学（最后是微波炉）。现在，在你的个人计算机、手机、电视及更多的东西内，你可能拥有数十亿确定的量子装置实例——晶体管。 大多数家庭还拥有另一种量子技术——CD和DVD播放器、录像机、激光打印机中的激光。没有量子世界中的奇怪现象，这些东西都不可能诞生。

在对世界的影响中，量子纠缠有可能与晶体管和激光的核心基本量子效应相竞争。艾伦·阿斯派克特，第一个明确证明了纠缠挑战局部现实性的科学家，他在近乎对待《圣经》般虔诚地介绍约翰·贝尔关于纠缠的论文时，对这一点异乎寻常的坦率：

> 我认为，实现纠缠的重要性和单个物体的量子描述的阐明，是第二次量子革命的基础，而约翰·贝尔是它的预言家，我这样说一点都不夸张。
>
> 这种曾经纯粹的科学追求很有可能将引发一次新的技术革命。

艾伦·阿斯派克特并不是科幻小说作家，而是其研究领域中最受尊敬的科学家之一。阿斯派克特似乎过分夸张，他提醒我们："当第一个晶体管发明时，有谁能够想到集成电路的无所不在呢？"量子加密术、量子计算机及量子隐形传送，可能只是新的量子革命的开始。通过量子纠缠，新的量子效应正进入实际的世界舞台。毋庸置疑，量子纠缠——上帝效应，是未来的伟大事业。

量子纠缠

注　释

序

第1页——赫胥黎将科学当做常识的引用摘自T.H.赫胥黎的《随笔集》第四卷——查第格的方法（伦敦：格林伍德出版社，1970。）

第1页——费曼关于自然令人愉快的荒谬之处的论断摘自理查德·费曼，QED：光和物质的奇异性（伦敦：企鹅出版社，1990。）

第1章　纠缠的开始

第2页——爱因斯坦的“可怕的远距效应”摘自马克思·玻恩《玻恩—爱因斯坦书信集》（伦敦：麦克米伦出版社，1971。）

第3页——薛定谔第一次使用“纠缠”的论文是《分隔系统之间的概率关系探讨》，收于《剑桥哲学会汇刊31》（1935）：555—563 [2]中。

第3页——关于术语“纠缠”的来源及纠缠和V之间的区别可在量子计算网站中心的“寻找纠缠的真正起源”找到，网址：http://cam.qubit.org/。

第4页——婴儿对远距作用的反应描述见罗伯托·卡萨提的《阴影俱乐部》（伦敦：小布朗出版社，2004。）

第5页——牛顿关于重力的论述摘自《数学原理》（自然哲学的数学原理），第三册，总释——艾萨克·牛顿，安德鲁·莫特翻译（伦敦：H.D.西蒙兹，1803。）

第7页——拉丁语“Fingo”的翻译摘自《原理》，总释，艾萨克·牛顿，I.伯纳德·柯恩和安尼·惠特曼翻译（伯克利：加利福尼亚大学出版社，1999。）

第7页——量子论的奇特性可以通过多维尺寸解释的建议见T.S.拜罗、S.G.马蒂严和B.米勒的《经典规范场的混乱量子化》，物理学书信基础 14，第五卷，471—485。

第8页——爱因斯坦对非定域性的批评摘自马克思·玻恩的《玻恩—爱因斯坦书信集》（伦敦：麦克米伦出版社，1971。）

第9页——马克斯·普朗克关于量子的评论引自布莱恩·克莱格的《光年》（伦敦：Piatkus出版社，2001。）

第12页——普朗克关于爱因斯坦进入普鲁士科学院的评论引自杰里米·伯恩斯坦的《量子概论》（普林斯顿：普林斯顿大学出版社，1991。）

第13页——史莱克的怪物就像洋葱的比喻摘自电影《怪物史莱克》（梦工厂SKG，2001。）

第13页——赫伯特说原子的行星模型是错误的，格里宾对此进行批评的言论摘自约翰·格里宾《薛定谔的猫》（伦敦：凤凰出版社，1996。）

第15页——动量在 J. C.铂金霍恩的《量子世界》（伦敦：企鹅出版社，1999）中被定义为“（粒子）正在做的事情”。

第15—16页——以快速运动物体作为测不准的画面是皮特·莫里斯在致作者的一封信中描述的。

第17页——安东·塞林格在剑桥大学的富士通讲座（2004年10月）中讨论了爱因斯坦早期不喜欢随机性。

第18页——爱因斯坦称他宁愿是一个补鞋匠的致玻恩的信摘自马克思·玻恩的《玻恩—爱因斯坦书信集》（伦敦：麦克米伦出版社，1971。）

第18页——爱因斯坦称“上帝不是在掷骰子”的致玻恩的信摘自马克思·玻恩的《玻恩—爱因斯坦书信集》（伦敦：麦克米伦出版社，1971。）

第19页——富兰克林认为“该死的谎言和统计数字”引自迪斯雷利的自传，在《牛津语录辞典》中引用（牛津：牛津大学出版社，1979。）

第22页——尼尔斯·玻尔，《作品选》（J.Kalchar编辑），第六卷（ 阿姆斯特丹：

北荷兰出版社，1985。）

第24页——派斯对玻尔“喃喃自语”念着爱因斯坦名字的描述摘自杰里米·伯恩斯坦的《量子概论》（普林斯顿：普林斯顿大学出版社，1991。）

第26页——“EPR”论文是A.爱因斯坦、B.波多尔斯基和N.罗森《量子力学对物理实在性的描述是完备的吗？》，物理评论47（1935–05–15)。

第2章　量子的对决

第30页——“EPR”对实在性的标准来自《量子力学对物理实在性的描述是完备的吗？》一文，作者A.爱因斯坦、B.波多尔斯基和N.罗森，物理评论47（1935–05–15)。

第33页——阿伯拉罕·派斯关于玻尔对EPR的反应摘自阿伯拉罕·派斯的《尼尔斯·玻尔时代》（牛津：克拉伦登出版社，1991。）

第33页——玻尔第一次听到EPR论文的反应被利昂·罗森菲尔德在其S.Rozental编辑的《尼尔斯·玻尔：朋友、同事眼中玻尔的生活和工作》（阿姆斯特丹：北荷兰出版社，1967）中进行了详细的描述。

第34页——玻尔对EPR论文的书面反应是尼尔斯·玻尔的《量子力学对物理实在性的描述是完备的吗？》，物理评论48。

第35页——玻尔评论远距作用是“完全不能理解的”摘自玻尔《核物理学的空间和时间》，Mss 14，1935年3月21日（手稿集，量子物理学历史档案，美国哲学协会，费城。）

第35页——皮特关于爱因斯坦/玻尔分歧和塞尚及现实主义画家的比较摘自F.戴维·皮特的《爱因斯坦的月亮》（纽约：当代书籍出版社，1990。）

第36页——薛定谔第一次使用“纠缠”的论文是《分隔系统之间的概率关系探讨》，收于《剑桥哲学会汇刊31》（1935）：555—563 [2]中。

第36—37页——爱因斯坦1944年承认他对量子论仍然非常怀疑的致玻恩的信摘自马克思·玻恩的《玻恩—爱因斯坦书信集》（伦敦：麦克米伦出版社，1971。）

第37页——爱因斯坦将妄想狂与量子论的比较摘自1952年7月5日致D.利普金的信（爱因斯坦档案。）

第37页——罗森对EPR是佯谬的否认来自P.拉迪和P.米特尔施泰特的《现代物理学基础论文集：爱因斯坦—波多尔斯基—罗森想象实验五十年》（新加坡：世界科学出版社，1985。）

第37页——爱因斯坦关于EPR利用两种状态的“ist mir wurst”的评论引自A.法因的《摇晃的游戏：爱因斯坦、实在论和量子论》（芝加哥：芝加哥大学出版社，1996。）

第37页——“佯谬”意味着矛盾或荒谬的说法摘自安德鲁·惠特克的《爱因斯坦、玻尔和量子困境》（剑桥：剑桥大学出版社，1996。）

第38页——电视剧《星际迷航：下一代》描述了牛顿、爱因斯坦和霍金的全息复制品及剧中的居民、机器人Data之间的扑克游戏的这段内容见“Decent”，第一集，于1993年6月21日首次播出。

第39页——安妮·贝尔关于星期天礼服的说法引自安德鲁·惠特克的《约翰·贝尔及科学中最深远的发现》，物理世界（1998年12月。）

第40页——贝尔关于量子论是“被破坏了”的说法是对杰里米·伯恩斯坦说的，并在杰里米·伯恩斯坦的《量子概论》中有详细的描述（普林斯顿：普林斯顿大学出版社，1991。）

第40页——贝尔对赫伯特评论“一个模糊、偏僻的地方，偶然发现了某些难懂、清楚的东西”引自尼克·赫伯特《量子实在性：超越新物理学》（纽约：船锚书籍出版社，1985。）

第41页——贝尔偏向爱因斯坦而不是玻尔的观点是杰里米·伯恩斯坦报道的，见其《量子概论》（普林斯顿：普林斯顿大学出版社，1991。）

第41页——贝尔感觉玻尔对EPR的解释语无伦次见安德鲁·惠特克的《约翰·贝尔及科学中最深远的发现》，物理世界（1998年12月。）

第3章 成双成对的光

第46页——关于牛顿和莱布尼茨谁最先提出微积分的辩论见布莱恩·克莱格的《无限性简史》（伦敦：康斯太布尔&罗宾逊出版社，2003。）

第46页——爱迪生和斯旺之间关于电灯的诉讼摘自布莱恩·克莱格的《光年》（伦敦：Piatkus出版社，2001。）

第47页——理查德·费曼不理会约翰·克劳泽关于试验贝尔不等式的描述见埃米尔·奥采尔的一次采访中《纠缠》（纽约：四堵墙八扇窗出版社（Four Walls Eight Windows），2002。）

第52页——贝尔写给克劳泽谈到他很高兴在实验上证明他的不等式的信引自埃米尔·奥采尔的《纠缠》（纽约：四堵墙八扇窗出版社（Four Walls Eight Windows），2002。）

第52页——贝尔悲观的结论“合理的事情只是行不通”摘自杰里米·伯恩斯坦的《量子概论》（普林斯顿：普林斯顿大学出版社，1991。）

第53页——前沿实验者面对的问题的论述见约翰·沃勒的《冒险行动》（牛津：牛津大学出版社，2004。）

第55页——阿斯派克特对产生纠缠光子的困难的描述见P.C.W戴维斯和J.R.布朗的《原子中的幽灵》（剑桥：剑桥大学出版社，1993。）

第58页——阿斯派克特关于爱因斯坦对他的实验的反应的说法见P.C.W.戴维斯和J.R.布朗的《原子中的幽灵》（剑桥：剑桥大学出版社，1993。）

第63页——关于纠缠神秘作用的争论的信件见《新科学家》2471（2004-10-30。）

第63页——贝尔的论文《伯特曼的短袜和现实性的本质》发表在《物理学》杂志上，C2集 增补第3册 第42卷 (1981) 41—61。

第64页——塞林格对伯特曼的袜子的观察的谈论见剑桥大学应用数学和理论物理学系的一次采访中，2004-10。

第66页——光纤的距离限制及维也纳研究小组的远距室外连接的情况摘自安东·塞

林格在剑桥大学的富士通演讲（2004-10。）

第67页——从玻璃反射的量子效应的资料摘自理查德·费曼的《QED：光和物质的奇异性》（伦敦：企鹅出版社，1990。）

第68页——采用分束器纠缠铷原子云的描述见D. N.马特苏克维奇和A.库兹米奇的《物质和光之间的量子状态传输》，科学306（2004）：第663页。

第69页 ——亚历克斯·库兹米奇关于建立量子中继器的目标就是在华盛顿和纽约之间建立连接的评论摘自第2417期《新科学家》（2004年10月30日。）

第69页 ——首次跨越多瑙河进行的纠缠光子传输的描述见M.Aspelmeyer、H.R.博姆和T.嘉措等的《量子纠缠的远距自由空间分布》，科学301（2003）：621—623。

第69页——中国的远距空中传输纠缠粒子的详细描述见程志鹏等《纠缠光子对在13公里距离的实验自由空间分布：迈向基于卫星的全球量子通信》，物理评论快报94（2005）：150501。

第70页——地面高度对空气压力的影响见布莱恩·克莱格的《飞行器完全手册》（伦敦：潘出版社，2002。）

第71页——安东·塞林格希望到2010年可以部署纠缠卫星接收器的描述引自《自然》434（2005）：1066。

第72页——认为纠缠效应是“毛茸茸的小兔子”，无法在实验室外应用的描述来自尤金妮娅·塞缪尔·莱赫《哪个方向是向上？》新科学家（2004-10-02。）

第73页——采用纠缠使时钟同步的实验见亚历山德拉·瓦伦西亚、朱莉安诺·斯凯丝莉、史燕华的《采用纠缠光子对使远距时钟同步》，应用物理学快报85，13卷（2004）：2655—2657。

第4章　秘密的纠缠

第74页——军队使用纠缠用于潜艇通信的提议引自杰里米·伯恩斯坦的《量子概论》（普林斯顿：普林斯顿大学出版社，1991。）

第75—76页——有关秘密信息的历史的详细介绍见西蒙·辛格的《密码故事》（伦敦：第四阶级出版社，1999。）

第81页——关于二次世界大战中德国使用的恩尼格玛密码机及其被英国布莱切利公园破解的全面描述见西蒙·辛格的《密码故事》（伦敦：第四阶级出版社，1999。）

第82页——埃克特发现可使纠缠用于密码术摘自作者的一次采访。

第86页——有关人们对斯蒂芬·威斯纳不可伪造的钞票毫无反应的描述引自西蒙·辛格的《密码故事》（伦敦：第四阶级出版社，1999。）

第88页——施莫林对他和查尔斯·班纳特的工作的描述见《早期量子加密术》，IBM研究开发杂志47，第1期（2004）：47—52。

第92页——捕捉击键的商业装置是Key Katcher，其描述见www.keykatcher.com。

第5章　布利什效应

第97页——布利什对其故事的讨论包含在詹姆斯·布利什的《同一时间》的序言中（伦敦：Arrow出版社，1976。）

第100页——Melito将速记员（tachygraph）改为电报（telegraph）的描述摘自他的回忆录（I，38），引自《牛津英语大词典》。

第102页——电报被称为维多利亚时代的互联网的描述见汤姆·斯坦奇的同名小说（伦敦：凤凰出版社，1999。）

第104页——关于虚构的狄拉克发射器的描述摘自詹姆斯·布利什的小说《同一时间》（伦敦：利箭（Arrow）出版社，1976。）

第105页——爱因斯坦关于相对论对同时性的影响的讨论包含在阿尔伯特·爱因斯坦的著作《相对论：狭义与广义相对论》（纽约：多佛出版社，2001。）

第6章　虚幻的机器

第125页——巴贝奇希望计算可以由蒸汽完成的描述见詹姆斯·艾辛格的《杰卡德

的网》（牛津：牛津大学出版社，2004。）

第126页——英国政府在差分机上的投资及其他关于杰卡德、巴贝奇和霍尔瑞斯的资料摘自詹姆斯·艾辛格的《杰卡德的网》（牛津：牛津大学出版社，2004。）

第130页——迈克·哈利在他的《电脑——计算机时代的曙光故事集》中解释了电子计算的早期复杂情况（伦敦：格兰塔，2005。）

第131页——计算机能够做任何事情的不当建议在戴维·哈雷尔的《有限的计算机：计算机真正能够做什么》一书中指出（牛津：牛津大学出版社，2004。）

第131页——摩尔定律的源起和详情见英特尔网站：www.intel.com/technology/mooreslaw/index.htm。

第137页——晶体管发展情况在迈克尔·赖尔登和莉莲·霍德森的《晶体之火》（纽约：W.W.诺顿出版社，1997。）

第138页——戴维·多伊奇关于他的具有自我意识计算机功能的解释摘自P. C. W.戴维斯和J. R.布朗的《原子中的幽灵》（剑桥：剑桥大学出版社，1993。）

第139页——戴维·多伊奇关于量子计算机的开创性论文是《量子论，邱奇—图灵原则和通常量子计算机》（伦敦皇家学会会报，A辑，1985。）

第141页——蒂姆·斯皮勒的量子位与颜色的比喻（与普通位和黑或白色相对照）见Hoi—Kwong Lo、Sandu Popescu和蒂姆·斯皮勒的《量子计算和信息简介》（新加坡：世界科学出版社，1998。）

第141页——五百量子位可以表示更多状态，每个量子位要求一个比宇宙中的原子数量还多的复杂数字来表示的说法摘自迈克尔·A.尼尔森和艾萨克·L.Chuang的《量子计算和量子信息》（剑桥：剑桥大学出版社，2000。）

第142页——有关乔治·康托尔及其无限性研究的更多信息见布莱恩·克莱格的《无限性简史》（伦敦：康斯太布尔&罗宾逊出版社，2003。）

第153页——对RSA的公共密钥加密算法的进一步详情见西蒙·辛格的《密码故事》（伦敦：第四阶级出版社，1999。）

第163页——豪的将光速减为17米/秒的原创实验的描述见L.V.豪、S. E.哈里斯、Z.达顿和C.H.贝赫罗兹的《超冷原子气中光速减至17米/秒》，自然397（1999）：第594页。

第164页——豪的光的停滞实验在C. 刘、Z.达顿、C. H.贝赫罗兹和L.V.豪的《采用停滞的光脉冲在原子介质中贮存耦合光学信息探讨》，自然409（2001）：第490页。

第164页——卢金的光停止实验的描述见A.S.兹勃洛夫、M.巴杰科西和M. D.卢金的《原子介质中光的静止脉冲》，自然426（2003）：第638页。

第165页——翰莫的在钇晶体中将光停住的实验的描述见《物理评论快报》88（2002）：023602。

第167页——采用一对氢核的量子计算实验的详细情况见M.S.安瓦尔、J.A.琼斯、D.布拉兹那等的《采用仲氢高纯量子态，开展NMR量子计算》，物理评论A 70（2004）：032324。

第167页——自主NMR半导体实验的描述见G.Yusa等《纳米级器件中核自旋的控制多量子耦合》，自然434（2005）：第1001页。

第167页——量子点实验的描述见J. P.里斯麦尔等的《单量子点中的强耦合——半导体显微孔隙系统》，自然432 (2004): 197。

第169页——ENIAC真空管计算机的详细描述摘自《电脑－计算机时代的曙光故事集》（伦敦：格兰塔，2005。）

第169页——理查德·休斯将量子计算机与真空管技术进行比较的描述摘自朱利安·布朗的《探索量子计算机》（纽约：Touchstone出版社，2000。）

第7章 镜子啊镜子

第171页——伍特斯和祖瑞克关于量子不可克隆的原论文是《单个量子无法克隆》，W. K.伍特斯和W. H.祖瑞克，自然299，第5886期（1982）：802－803。

第173页——原隐形传送的论文是C.班奈特等的《通过双经典和爱因斯坦－波多尔斯基—罗森通道，隐形传送未知量子态》，物理评论快报70（1985。）

第173页——吉勒斯·布拉萨德关于隐形传送概念产生的评论摘自朱利安·布朗的《探索量子计算机》（纽约：Touchstone出版社，2000。）

第175页——安东·塞林格的描述第一个隐形传送实验的论文发表在《自然》390上（1997年12月11日）：575－579。

第177页——铯云纠缠的描述见B.朱斯盖德、A.科哲金、E. S.玻尔齐克的《两个宏观物体长期纠缠的实验》，自然413（2001）：400。

第177页——阿图尔·埃克特对完整隐形传送面临困难的评估见2005年7月致作者的电子邮件。

第177页——铯云纠缠的下一步描述见E.S.玻尔齐克等的《采用多原子群的纠缠和量子隐形传送》，皇家学会哲学汇刊A辑：数学、物理学和工程科学361，第1808期（2003）：1391－1399。

第179页——安东·塞林格对想要开一辆卡车通过干涉仪的谴责的反应摘自2004年10月在剑桥大学应用数学和理论物理学系的一次采访。

第180页——约翰·格里宾关于四十年内电子的隐形传送的预测见约翰·格里宾的《薛定谔的猫》（伦敦：凤凰出版社，1996。）

第180页——安东·塞林格关于实验主义者应该永不使用“永远不会”这个单词的评论是在2004年10月在剑桥大学应用数学和理论物理学系的一次采访中说的。

第8章　奇怪啊奇怪

第185页——意识的量子论在多篇论文中进行了探讨，如M. Jibu 和K. Yasue的《什么是精神？头脑中逐渐消失的光子的量子场论意识量子论》，信息学21（1997）：471－490。

第186页——约瑟夫森对贝尔不等式的评论被P.C.W.戴维斯和J.R.布朗的《原子中的幽灵》引用（剑桥：剑桥大学出版社，1993。）

第187页——关于皇家邮政纪念诺贝尔奖的邮票的资料摘自2001年8月15日的皇家邮

政新闻发布稿。

第187页——皇家邮政诺贝尔奖邮票的宣传册子文本于2001年10月2日发行。由皇家邮政许可复制。

第188页——关于皇家邮政诺贝尔奖邮票的新闻出现在《自然》413期（2001-09-27）：第339页。

第188页——关于皇家邮政诺贝尔奖邮票的新闻出现在《观察家报》（2001-09-30。）

第189页——詹姆斯·兰迪关于量子论和隐形传送之间缺乏联系的观点作为布莱恩·约瑟夫森在BBC第4电台的《今日》栏目采访的一部分而于2001年10月2日播出。

第192页——“神奇的方格”纠缠游戏是潘德马那巴汗·阿拉温德提出的《无不等式的贝尔理论和仅仅两名远距观察者》的简化版本，物理学基础快报讯，No.4（2002）：397—405。

第195页——迈克尔—谢尔默对新时代科学家应用量子标签的批评见《科学美国人》，2005年1月。

第196页——约翰·贝尔对物理学家花费时间讨论神秘主义的批评被杰里米·伯恩斯坦在《量子概论》中引用（普林斯顿：普林斯顿大学出版社，1991。）

第197页——维拉特科·维特拉认为生命本身也许依赖纠缠的说法摘自维拉特科·维特拉的《纠缠碰撞大时代》，自然425期（2003）：第28—29页。

第198——罗杰·彭罗斯关于缺乏普遍纠缠的观点摘自罗杰·彭罗斯的《通往现实之路》（伦敦：乔纳森·凯普出版社，2004。）

第198页——虚构的九重冰见库尔特·冯内古特的小说《猫的摇篮》（伦敦：戈兰茨出版社，1963。）

第199页——实际的IX冰的描述见E.惠利、J.B.R.黑斯和D.W.戴维森，《IX冰：与III冰有关的反铁电状态》，化学物理学杂志48（1968）：2362—2370。

第199页——菲尔·米森关于在超流体中挥动你的手的评论摘自英国《卫报》的一

次访谈（2003-10-08。）

第200页——维拉特科·维特拉关于纠缠引起质量的推测见维拉特科·维特拉的《迈斯纳效应和质量粒子，作为宏观纠缠的见证》www.archive.orgquant—ph/0410021。

第202页——艾伦·阿斯派克特关于量子纠缠引发技术革命的推测是他对约翰·贝尔《量子力学中可言传和不可言传的那些事情》介绍的一部分。（剑桥：剑桥大学出版社，2004。）

精选参考书目

我在撰写本书时，非常高兴地阅读了大量的书籍、论文和杂志。要将影响本书内容的所有文献都列出来那是不可能的，此处的参考书目只是列出了读者可能感兴趣的文献。有关“通俗科学”标题的更多信息和有关量子论最新进展的特点，请访问通俗科学网站：www.popularscience.co.uk。

艾米尔·奥采尔.《纠缠》.纽约：四堵墙八扇窗出版社，2002.

J.S.贝尔.《量子力学中可言传和不可言传的那些事情》.剑桥：剑桥大学出版社，2004.

杰里米·伯恩斯坦.《量子概论》.普林斯顿：普林斯顿大学出版社，1991.

马克思·玻恩.《玻恩—爱因斯坦书信集》.伦敦：麦克米伦出版社，1971.

朱利安·布朗.《探索量子计算机》.纽约：试金石出版社，2000.

布莱恩·克莱格.《光年》.伦敦：Piatkus出版社，2001.

P.C.W.戴维斯，J.R.布朗.《原子中的幽灵》.剑桥：剑桥大学出版社，1993.

詹姆斯·艾辛格.《杰卡德的网》.牛津：牛津大学出版社，2004.

理查德·费曼.《QED：光和物质的奇异性》.伦敦：企鹅出版社，1990.

詹姆斯·格雷克.《艾萨克·牛顿》.纽约：当代书籍出版社，2003.

约翰·格里宾.《薛定谔的猫》.伦敦：凤凰出版社，1996.

戴维·哈雷尔.《有限的计算机：计算机真正能够做什么》.牛津：牛津大学出版社，2004.

艾萨克·牛顿.《原理》.伯克利：加利福尼亚大学出版社，1999.

皮特·F.戴维.《爱因斯坦的月亮》.纽约：当代书籍出版社，1990.

J.C.玻尔金霍恩.《量子世界》.伦敦：企鹅出版社，1990.

汤姆·斯坦奇.《维多利亚时代的互联网》.伦敦：凤凰出版社，1999.

安德鲁·惠特克.《爱因斯坦、玻尔和量子困境》.剑桥：剑桥大学出版社，1996.

迈克尔·怀特.《艾萨克·牛顿：最后的炼金术士》.伦敦：第四阶级出版社，1997.

迈克尔·怀特，约翰·格里宾.《爱因斯坦——科学生平》.伦敦：西蒙&舒斯特，1994.

路易斯·沃尔珀特.《科学的不自然性质》.伦敦：法布尔出版社，1993.

致 谢

由于许多人的帮助，本书才得以付梓，谨在此对他们表示感谢。首先，我要感谢我的经纪人彼特·库克斯和我的编辑伊桑·弗里德曼。

然后，我要对那些为我提供资料、回答枯燥乏味的问题，为我指明正确方向的人士表示感谢。特别要感谢托尼·萨德伯利教授、皮特·莫里斯博士、安德鲁·惠特克、阿图尔·埃克特教授、布莱恩·约瑟夫森教授、安东·塞林格教授、洛弗·格罗弗博士、赫尔穆特·雅克布维茨博士、马库斯·乔恩博士、冈特·尼姆兹教授、戴维·霍夫教授、肯·贝茨、克莱尔·萨德伯利、杰森·辛森博士、霍华德·海博士及量子计算剑桥中心的员工。

最后，对于我这位待在家里不出门的作家通常所具有的恼怒和纠缠，吉莉安、丽贝卡、切尔西表示了宽容，对此，我必须向她们表示感谢。

量子纠缠

“本书对爱因斯坦认为太过疯狂、不可能是真实的现象，进行了生动的描述。（只有它《量子纠缠》是这样！）”

——马库斯·乔恩，《宇宙下一扇门》的作者

“文本非常清楚、生动地描述了在努力理解量子世界最深层的秘密，以及将它们转化为有用的技术方面涉及的人物和想法。”

——乔治·柴廷，《元数学！寻找奥米加》的作者

布莱恩·克莱格的作品有：《无限简史：探索难以想象的世界》（*Brief History of Infinity:The Quest to Think the Unthinkable*）、《科学第一人：罗吉尔·培根生平》（*The First Scientist:A Life of Roger Bacon*）、《光年：人类为光痴迷的离奇故事》（*Light Years:The Extraordinary Story of Mankind's Fascination with Light*）。他拥有剑桥大学物理学学位，为众多杂志撰写专栏、特写和评论。他的作品已经被译成十种语言。他和妻子、两个孩子一起住在英格兰的威尔特郡。